新未来

——想象，比知识更重要

幻象文库

教育

劳动者和社会者选择

治愈未来

ANDREW KEEN

竞争性创新

社会责任

数字困境的全球解决方案

监管

[美]安德鲁·基恩 著

林玮 李国娇 译

新星出版社 NEW STAR PRESS

献给我们的孩子

“此外，议事会照例不在某一问题初次提出的当天讨论，而是留到下次会议上。他们一般这样做，以防止任何成员未经深思，信口议论，往后却是更多地考虑为自己的意见辩护，而不是考虑国家的利益，即宁可危害公共福利，而不愿使自己的名声遭受风险，其原因是出于坚持错误的、不适当的面子观点，唯恐别人会认为他一开始缺乏预见——其实他一开始本应充分预见到发言应该慎重而不应轻率。”①

——托马斯·莫尔，《乌托邦》[1]

①引号内译文出处：《乌托邦》，戴镏龄译，商务印书馆 2009 年 6 月第 1 版——译者注。本书除特别注明，脚注均为译者注。

前　言　众联网

过去十年来，我一直在写文章批评数字革命，结果被人用从卢德分子到乖戾老头子、再到“硅谷敌基督”等各种难听的名字叫了个遍。起初，只有寥寥数位作者挑战互联网造福社会这种一贯的看法，我就是这几个持异见的人之一；但在过去几年里，对于技术的将来如何，主流看法已经从乐观转向悲观，因此越来越多的专业人士加入了我们的行列。如今，似乎人人都在笔伐监控资本主义、大数据垄断者、无知的网络大众、不成熟的硅谷亿万富翁、假新闻、反社会的社交网络、技术带来的大规模失业、数码成瘾和智能算法导致的生存风险。世界终于跟上了我的看法。现在没有人再叫我敌基督了。

我的本职工作是企业家，连续创业数次，大部分时候遇到的时机都不对。创业的经验告诉我时机就是一切。此前，我已经写了三本书来揭露数字革命的阴暗面，当下这个时机正适合写一些积极的东西。因此，本书不会再长篇大论地抨击当前的技术，而是要对技术前景面临的诸多问题给出建设性的答案。用硅谷一个时髦的词来讲，这是我写作生涯的一个“中心点”。您即将开始读的是一本讲解决方法的书。未来当然需要治愈，问题是该怎么做。

这也是一本讲人的书，我尝试以对人的叙事角度来写作。本书讲的是世界各地的人们——从爱沙尼亚到新加坡，再到印度、西欧各国、美国，还有其他地方——正在试图解决我们这个数码时代的巨大挑战。十八世纪德国哲学家伊曼努尔·康德说过："人性这根曲木，决然造不出任何笔直的东西。"然而这本书描述的人们却展现出了笔直的东西来。尽管不存在一个放诸四海而皆准的解决方案，能够用来创造理想的网络社会，人们的这些共同之处是以他们的决心——我称之为"自主权"——面对桀骜难驯，同时又不负责任的技术力量，去塑造自己的命运。

当前"物联网"是个炒得很热的概念，有些炒作也有些道理——它的意思是智能物件的网络，是硅谷层出不穷的新事物中最新的一样。但本书要讲的不是物联网，而要展示一个众联网。我要讲的是，只有智能的人类，而非智能的技术，才能治愈二十一世纪的未来。纵观历史，只有作为创新者、监管者、教育者、消费者，最重要的是作为参与公共事务的公民，才能解决问题。当下，我们传统的"人性"观正受到人工智能（AI）和其他智能技术的威胁，本书的中心思想讲的正是人的真实本性——这一老之又老的概念。

可是，全球的人们联合起来成功治愈未来，这一前景并非必然能实现。我们面临的问题紧迫复杂，时间有种种特点，唯独不是无穷的，至少对我们人类而言如此。比起前身模拟时钟，数字时钟似乎走得更快，数字迅速跳动，分秒不停。如果我们现在不行动，便可能沦为大型高科技企业新产品和新平台的附属，越来越无力。我们的文化已被缓慢逼近（同时令人不寒而栗）的技术决定主义感染，因此本书要发出战斗的号令。本书还要提醒读者，如果我们要建设一个适宜生存的数字未来，就必须牢记人有自主权——我们自古以来塑造自己社会的责任。

未来不是智能汽车，永远没有办法自动行驶。我们所有人，就算是硅谷敌基督，也没有超人的能力。但只要我们像历史上的前辈们一样携手合作，就能给孩子们创造一个更好的世界。本书献给孩子，因为他们，未来才重要。

安德鲁·基恩
于加利福尼亚州伯克利市
2017年7月

目录

引　言　天下无新事

当今，未来似乎已经破碎了。我们被卡在两种文明的、截然不同的操作系统之间：二十世纪的老系统已经失灵，取而代之的二十一世纪版，按理说应是升级版，却也运作不良。问题表现得随处可见：工业经济衰微、贫富差距加剧、失业率居高不下、世纪之交的文化病症泛滥、后冷战时期国际联盟瓦解、对传统制度信任减少、传统政治意识形态过剩、关于何为"真相"的认识论危机，以及民粹主义对于建制的大肆攻击。对于出了什么问题，我们都很清楚，却似乎不知道该怎么让一切重新走上正轨。

是什么让世界四分五裂？有人说是因为全球化过度，又有人说是全球化不足。有人认为要怪华尔街和对利润贪得无厌的自由市场货币资本主义，他们称之为"新自由主义"。还有人认为问题在于我们这个新的、不稳定的国际体系——例如，俄罗斯存在个人崇拜式的集权主义，他们认为这样一个俄罗斯正在不断用假新闻破坏欧洲和美国的稳定。美国的真人秀明星唐纳德·特朗普靠排外主张和民粹主义上台，英国人公投结果导致脱欧——有时真的很难说这些事件究竟是导致我们目前处境困难的原因还是结果。但明白无误的是，二十一世纪的精英已经和二十一世纪的民意脱节了。我们的精英面临的危机，不仅解释了为何最先进的民主国家内部缺乏信任，深受其扰，还解释了为何左右两派同时对传统统治阶级存在民粹主义的愤恨。但我们似乎不只是与二十世纪的建制脱节，所有人都和更重要的东西脱节了，可能是和我们自己脱节了。在一个瞬息万变的时代，什么才是作为人的意义，我们和这也脱节了。

乔布斯发布带魔力的“苹果”新品时，每每吊足了观众胃口还不肯揭开产品真面目，并不忘添一句：“还要说一点。”我也“还要说一点”，这一点是我们当今世界最重要的事。世界被互联网紧紧联系在一起，这场数字革命正是种种混乱产生的主要背景。

2016年，我到纽约参加了世界经济论坛（World Economic Forum，简称WEF）工作坊的一个活动，活动为期两天，主题是“数字转型”。活动的焦点是各种互联网新技术——包括移动技术、云技术、人工智能、传感器和大数据分析带来的“组合效应”。研讨会得出结论：“正如十八世纪以来蒸汽机和电气化给经济各个领域带来革新，现代技术也开始急剧改变当今的各个产业。”[1] 这一转型涉及的经济规模令人目眩。WEF工作坊相信：如果我们能保证数字革命在正轨上发展，到2025年，数字革命可为全球经济带来多达一百万亿美元的效益。

正被数字技术急剧改变的不仅仅是产业。正如工业革命颠覆了社会、文化、政治和个体意识，数字革命也正在大幅改变二十一世纪的生活，这涉及的就远远不止一百万亿美元了。今天的结构性失业、不平等、失范现象、缺乏信任，还有这个焦虑时代的民粹主义愤怒情绪，从某个角度来说，都是这一大变动日益狂乱的后果。网络技术——或多或少由乔布斯最重要的发明iPhone促成——与其他数字技术和设备一起，正剧烈扰动我们的政治、经济和社会生活。整个产业——教育、交通运输、媒体、金融、医疗和旅游接待业等——都因为这场数字革命而天翻地覆。我们把工业文明的许多方面都视作理所当然，比如工作的性质、个人的权利、精英地位的合法性，甚至人的意义，在这个混乱的新时代这些都遭到了质疑。同时，硅谷正变成西海岸的华尔街，在这里，拥有数十亿身家的企业家们成了宇宙新的主宰。比如，2016年，科技公司给出的股权薪酬金额超过了华尔街给出的奖金。[2]所以，是的，我们的新世纪正是网络的世纪。但是，至少迄今为止，它也是一个经济上不平等、工作无保障、文化上困惑、政治上混乱、生存上恐惧等现象不断加深的时期。

当然，天下无新事。WEF 工作坊“数字转型”活动提醒我们，几百年前的工业革命时期，技术同样扰乱了世界，令其天翻地覆，并以剧烈的方式彻底改造了社会、文化、经济和政治制度。对于这样的大转型中产生的种种令人无所适从的变化，十九世纪的回应分三种：“是”“不”和“也许”。

反动派中大部分是卢德分子和浪漫主义保守派，他们想要摧毁这个新的技术世界，回到至少对他们而言更宁静的时代。理想主义者的行列中既有坚定支持自由市场的资本主义者，又有坚定支持革命的共产主义者，这一点不无讽刺；他们相信，如果让工业技术按照其内在逻辑自然发展，最终会创造出一个物质无限丰富的乌托邦式经济。还有一派是改革者和现实主义者，他们来自社会各界，包括有责任感的左右两派官员、商界人士、劳动者、慈善家、公务员、工会成员，以及普通公民，他们主张用人的自主权去修复新技术带来的种种问题。

今天，对于周遭正在发生的剧变是否对我们有益这个问题，也能看到相似的“是”“不”和“也许”三种答案。浪漫主义者和仇外者拒绝这种连接全球的技术，认为其违背了自然法则，甚至违背了“人性”本身（在数字时代，“人性”这个词用得太多，却定义不明）。硅谷的技术乌托邦派和某些新自由主义的批评者都坚持认为，数字革命将一劳永逸地解决社会的痼疾，创造极其丰饶的“后资本主义”未来。对于他们而言，这种变革很大程度上是不可避免的——有一位决定论者特别热切地宣扬这点，称之为“必然之事”[3]。持“也许”答案的人，包括我在内，是现实主义者和改革者，而非乌托邦派和反乌托邦派。我们认识到，当前最大的挑战是以既不妖魔化技术也不美化技术的务实态度，解决这个大转型时代的问题。

这是一本持“也许”观点的书，基本的信念是相信数字革命可以像工业革命一样，成功地被驯服、管理、改革。本书希望，这次转型中最好的方面——创新、透明、创造力的增长，甚至是适度的混乱——能让世界成为一个更好的地方。本书也提出了一系列关于立法、经济、监管、教育和伦理方面的改革措施，若能实施得当，将有助于治愈我们共同的未来。WEF工作坊将几种网络技术的作用称为“组合效应”，数字革命正是这种效应驱动的；解决数字革命带来的诸多问题，也同样需要组合回应。我之前说过，没有什么放诸四海而皆准的方法能够创造完美社会，不管是不是数字社会。因此，也不可能依赖某个高于一切的方案去解决问题，例如完全自由市场或不留死角的政府监管。我们需要的是一个结合监管、公民责任、劳动者和消费者选择、竞争性创新和教育对策的战略。正是通过多层面共同作用，最终解决了工业革命的许多最尖锐问题。而今天，要对抗数字革命引发的诸多社会、经济、政治等存在的挑战，我们就需要组合式的战略。

也许我们能拯救自己，也许我们能变得更好，但只是也许而已。我写本书的目的是绘制一幅地图，帮助我们在网络社会这片陌生土地上行路。为了画出这幅地图，我行了几十万英里的路——不仅去了几个西欧国家和加州之外的美国许多城市，还从北加州的家飞到遥远的爱沙尼亚、印度、新加坡和俄罗斯。在这些地方我采访了近百位人士，包括总统、政府部长、技术型初创企业的首席执行官、大型媒体公司的掌门人、顶级的反垄断和劳动法律师、欧盟专员、风险投资界的领军人物，还有当今世界最能洞见未来的未来学家。本书里的智慧都是他们的。我所做的，只是把地图上的点连起来，而地图是他们用自己的行动和思想绘制的。

2016 年 WEF 工作坊上对未来最有预见力的人之一是一个名叫马克·柯蒂斯（Mark Curtis）的人，他是一名连续创业者、作家、设计专家，是 Fjord 的联合创始人。这是一家位于伦敦的创意公司，母公司为全球资讯公司埃森哲。后来我到伦敦西区靠近牛津圆环的 Fjord 办公室去拜访他，柯蒂斯说："我们需要一张乐观的未来地图，以人为中心。"他解释说："这张地图应该告诉所有人未来该怎么走，在我们的脑中勾画出陌生地域的面貌，我们才知道怎么在这片新区域行走。"

我希望本书就是这张地图。从柏林的老地毯厂到班加罗尔的绅士殖民地俱乐部，从波士顿的律所办公室到布鲁塞尔的欧盟总部，《治愈未来》这幅新地图展示了监管者、创新者、教育者、消费者和公民正在如何治愈未来。但是在这条路上，不可能鼠标一点、手指一划，就开来优步（Uber）或者来福车（Lyft），轻轻巧巧地把我们送到未来。不，即使是最智能的技术也解决不了技术带来的问题，只有人可以。而人就是本书的主题。本书讲的，是一些地方的一些人如何解决数字时代最棘手的问题的故事，以及他们的事例如何激励其他人也一样付诸行动。

第一章 莫尔定律

自主权

这个建于十九世纪的房间充满二十一世纪的事物。房间占据了柏林一座老工厂的整个顶楼，已经很破旧，砖墙的墙漆脱落，木地板遍布裂痕，支撑低矮天花板的柱子也开裂了。这栋四层的砖楼是柏林仅存的几处十九世纪工业遗迹之一，名叫老地毯厂（Alte Teppichfabrik）。但是跟其他柏林老建筑一样，这个曾经的工厂里如今是新人新技术。眼下，这群投资者、企业家和技术专家正都盯着面前的大幅电子投影幕布。幕布上正直播着的是一个年轻人的影像，他戴着眼镜，脸色苍白并有胡须，专注地盯着摄像头。房间里所有人都在看着他。他们专注观看的对象，是网络空间正声名狼藉的人。

他告诉观众："我们的社会正在失去自主权的意识，我们所有人都面对这种生存威胁。"

这整个奇异的场景——破旧的房间、被催眠的观众、大屏幕上闪烁的低像素图像——都令我想起一个极具标志性的电视广告：第十八届超级碗比赛上播放的苹果麦金塔电脑广告。这个广告于 1984 年 1 月发布，广告里有一个同样破旧的房间，一个人在同样大小的屏幕上，对着一群同样目不转睛的人讲话。但在麦金塔电脑的广告里，说话人的原型是奥威尔发表于二十世纪的反乌托邦小说《一九八四》中的老大哥，是一个无处不在的暴君。而在柏林，屏幕上的年轻人则是集权主义的敌人。至少在他自己心里，他是暴政的受害人，而非施暴人。

他的名字是爱德华·斯诺登（Edward Snowden）。他在一些人眼里是英雄，在另一些人眼里则是叛国黑客。他曾是美国中央情报局的承包商，因泄露关于美国政府一系列监听项目的秘密文档，逃到弗拉基米尔·普京任总统的俄罗斯，现在基本上通过网络与外界交流。

柏林的听众来到老地毯厂参加主题为“加密与去中心化”（Encrypted and Decentralized）的技术活动。这次活动主办方是当地风险投资公司蓝庭资本（BlueYard Capital），活动的目的和本书相同——要找到治愈未来的方法。活动邀请函上写着：“我们不仅需要把价值观付诸文字，也要写入互联网的代码和架构之中。”活动目的是“将我们的道德观念写进数码技术，让互联网反映我们的价值观”。

屏幕上斯诺登的脸正是反映人类反抗精神的一幅肖像。他直视柏林的观众，重申自己的观点。但这次他的话没有讲我们的集体无力感，更像是战斗的号召。

“的确，我们正在失去的，”他肯定地说，“是社会的自主权。”

他在网络空间表达这些想法，这也许是很适宜的。“网络空间”（cyberspace）这个词由科幻作家威廉·吉布森（William Gibson）在 1984 年的小说《神经漫游者》（*Neuromancer*）中生造，描绘的是个人电脑（比如苹果麦金塔电脑）之间新的通信领域。这个词的原型是“控制论”（cybernetics），指网络通信技术这门科学，由麻省理工学院（Massachusetts Institute of Technology）数学家诺伯特·维纳（Norbert Wiener）在二十世纪中叶创立。维纳用古希腊词 kybernetes 来命名这门关于连接的新科学，该词义为舵手或领航员。他和麻省理工学院的校友范内瓦·布什（Vannevar Bush）与 J.C.R. 里克莱德（J.C.R. Licklider）[1] 并称为互联网之父。维纳起初认为，联网技术能够像舵手或领航员一样，引领人们走进一个更好的世界。他这样想是因为一个信念：这门新技术能赋予人们改变社会的自主权。不仅布什和里克莱德持这一观点，二十世纪许多其他有远见的人也这么看，包括苹果公司的创始人史蒂夫·乔布斯和史蒂夫·沃兹尼亚克。"你会明白，为何 1984 年会与《1984》不同。"第十八届超级碗比赛上的标志性广告承诺，乔布斯和沃兹尼亚克的新型台式电脑有改革的力量。

但在老地毯厂的网络演讲里，斯诺登并不像他们一样乐观。斯诺登应该正在远离德国首都以东数千英里的俄罗斯某地的藏身之所通过网络沟通。他警告柏林的观众，现今的技术正在削弱我们治理自己社会的能力。在这个处处都是电脑的时代，网络的力量窥探和控制我们所做的一切，不但不能引领我们，反而囚禁了我们。

"个人隐私是独处的权利，涉及权力，是保护我们名誉和不受侵扰的需要。"斯诺登通过网络对柏林的听众这样说。在这个十九世纪留下来的房间里，他阐释的，是个人独处权利不可侵犯这个十九世纪的典型观念。

从普京治下的俄罗斯某地，斯诺登向柏林的听众发问，而他心中已有答案："如果我们的一切都变得透明，不再有任何秘密，这意味着什么？"

至少在斯诺登看来，这意味着我们不再存在了。这样的说法不同于十九世纪某些人，如威廉·华兹华斯（William Wordsworth）和亨利·詹姆斯（Henry James）对我们固有的隐私权的看法。[2] 斯诺登的观点曾有两位美国律师萨缪尔·沃伦（Samuel Warren）和路易斯·布兰戴斯（Louis Brandeis，后出任美国最高法院大法官）提出过。1890年，他们在《哈佛法学评论》上发表了标志性的文章《隐私权》。写这篇文章是因为当时出现了摄影这一颠覆性技术。沃伦和布兰戴斯当时在波士顿执业，他们主张，“独处和隐私对个人来说愈加重要”。他们写道，“不受打扰是人的基本豁免权……是拥有自己人格的权利”。[3]

那么我们如何恢复十九世纪的价值观，以适应二十一世纪的生活？怎么才能在数字时代重新拥有自主权？

1984年麦金塔电脑广告的高潮处，一个强健的金发女子身着红白双色的运动装，闯进破旧的房间，抡起一把大锤扔向屏幕，击碎了老大哥的形象。她当然不是卢德分子；毕竟这则一分钟的超级碗广告是为了让数百万观众掏出2500美元去买一台新电脑。虽说是麦迪逊大道① 精心制作的商业广告，但它也提醒了我们，要改变世界，要保护自身权利不受剥夺，人的自主权是最重要的。

斯诺登通过网络向柏林的观众所提的问题，也正是本书的核心问题。我们怎么在技术面前重申自主权？我们怎么像麦金塔电脑广告里的金发女子一样，再次执掌生活中的一切？

摩尔定律

斯诺登说得对。未来的确出问题了，出现了一个空洞。过去五十年里，我们发明了许多重大的新技术——个人电脑、互联网、万维网、

①麦迪逊大道位于纽约曼哈顿，因为多家广告公司总部汇聚在此，逐渐成为广告业的代名词。

人工智能、虚拟现实，改变了我们的社会。但是在这个充斥数据的世界，缺失了一样东西，这个新的操作系统中有什么少了。

少了我们自己。我们忘记了二十一世纪的网络社会里，自己的位置——人的位置在哪里。这就是空洞的意思。如果不填上这个空洞，就无法治愈未来，我们的未来。

除了我们自己，一切都在不断升级。1965 年，英特尔公司的创始人之一戈登 · 摩尔（Gordon Moore）预言，每十八个月，[4] 硅晶芯片的处理能力就会翻倍，他描述的这个现象后来被称为摩尔定律。[5] 问题在于摩尔定律并不适用于人类。普利策奖得主托马斯 · 弗里德曼（Thomas Friedman）称当下为“加速时代”。[6] 到今天，摩尔定律已经提出半个世纪，并且继续驱动着“加速时代”的发展。的确如此，相比苹果曾经颠覆性的产品麦金塔电脑，今天你口袋里揣的 iPhone 在运算速度、联网性能、机器性能、智能程度上，都不可同日而语，更不要说跟六十年代中期价值几百万美元的大型计算机比了，那时候计算机需要单独的空调房才能运行。有人预言“奇点”的到来，认为很快就会实现人机融合，谷歌首席未来学家雷 · 科兹威尔（Ray Kurzweil）就是其中之一。他仍坚持认为，到 2029 年融合就会不可避免地发生。虽然就此有种种断言，但至少就当前来看，我们人类比起 1965 年，并没有变得更快、更聪明，也没有更具自主意识。

弗里德曼委婉地称技术和人之间存在“错配”。他说：“当今在发达国家和发展中国家，政治和社会经受不断的扰动，这样的错配就是其核心原因……（并且）如今对全球的治理提出了可能是最大的挑战。”[7] 麻省理工学院媒体实验室（MIT Media Lab）的伊藤穰一（Joi Ito）警告说：“除了我们自己，一切都飞速变化，带来的后果是社会、文化和经济上的‘头颈扭闪损伤①’。”[8]

多弗·赛德曼（Dov Seidman）是对这种错位思考最深入的哲学家。托马斯·弗里德曼尊称他为这个领域的“老师”。赛德曼是《HOW 时代：方式决定一切》一书的作者，也是 LRN 的首席执行官，该公司向企业提供道德行为、文化和领导力方面的咨询服务。[9, 10]

赛德曼提醒我们，“人类进步不存在摩尔定律”，以及“技术解决不了道德问题”。最重要的是，他在多次谈话中告诉我，二十一世纪这个超连接的世界不仅改变了，而且已经彻底被重塑。这种重塑的速度远远快于人类改变自己的速度。因此赛德曼说，我们需要“在道德上追赶”。

赛德曼将电脑形容为“我们身体之外的大脑”，人类的“第二大脑”。但他警告说，从进化的角度来看，出现了一个“指数级飞跃”，这个新大脑比人类的心、道德、信念走得都要快。他还警告说，人类太痴迷于低头盯着第二大脑，忘了如何明智地看待自己。随着设备越来越迅捷，人类似乎止步不前；随着设备积累越来越多，关于数据，人类并未在聪明才智上有什么长进；随着设备变得越来越智能，人类甚至对生活失控了。不但奇点没有出现，人类还几乎走到了它的对立面，就把这种处境叫作“二元性”吧——不仅人和智能机器之间的鸿沟日益加深，技术公司和其余人之间的鸿沟也是日益加深。

赛德曼确实说得对。摩尔定律的确解开了人类之船的缆绳，如今人类似乎正漂向一个他们既不了解也不真心向往的世界。随着这种无力感增强，人类对传统制度也越来越不信任。“爱德曼信任度调查报

①指高速行驶的汽车急刹车导致乘客颈部迅速前后摆动而发生的急性损伤，比喻人类因技术剧变而发生的错配。

告”（*Edelman Trust Barometer*）是国际上权威的信任调查报告，其2017年的调查结果显示，民众对政府机构的信任程度出现了自有调查以来最大的滑坡。在全世界，人们对媒体、政府和领导人的信任都骤然下降；其中十七个国家对媒体的信任跌至新低。爱德曼的总裁兼首席执行官理查德·爱德曼（Richard Edelman）说，全球化和技术变化导致了信任崩塌，2008年经济大衰退对此也有影响。[11] 我到爱德曼的纽约办公室拜访时，他告诉我，信任缺失是“我们这个时代的大问题”。

这似乎很矛盾。一方面，数字革命确实有改善每个人未来生活的潜力；另一方面，又确实加剧了当今的经济不平等、失业危机和文化失范。万维网本该帮助人类联合为“一个国家”，加拿大新媒体专家马歇尔·麦克卢汉（Marshall McLuhan）不无讽刺地称之为地球村。而当今的二元性却不光体现为人与计算机间的鸿沟——用这个词描述其他鸿沟也很合适：贫富差距不断扩大；拥有的技术太多已成负担的人与因工作被技术取代而失业的人；模拟在边缘，数字在中心的差异。

信息就在地图里

和历史上其他激变的时期一样，我们生活的时代既是最像乌托邦的，同时也是最像反乌托邦的。新技术的拥趸许诺说数字化的未来会无比丰饶；卢德分子则警告说技术导致的末世正在临近。但是真正的问题不在新的操作系统，而在我们自身，所以治愈未来的第一步就是既不要理想化技术，也不要妖魔化技术。第二步则难走得多，就是记住我们是谁。如果要决定到哪里去，就必须记住我们从哪里来。

还有一个悖论。的确，一切似乎都在改变，但是换个角度看，什么也没改变。有人说，我们正身处前所未有的大变革中。一些人说，这是人类历史中最重要的事件；另一些人说，这对人这个物种造成了生存威胁。尽管我们过去也听说过这种警告，但从某种意义上讲威胁确实是存在的。比如，十九世纪的浪漫主义者，如诗人威廉·布莱克，就提出过类似的警告。他说“黑暗撒旦磨坊”给人类带来灾难。确实，历史上，未来被毁坏过许多次，也被重建过许多次。人类的故事便是如此。我们屡破屡立，方法一直不变——通过立法者、创新者、公民、消费者和教育者的努力。这就是人类的故事。社会、政治、经济危机中最尖锐的问题，过去和今天也没有什么不同：精英阶层占有巨大的权力和财富、经济出现垄断、政府要么太弱要么太强、市场监管缺失导致各种后果、失业现象严重、个人权利受到破坏、文化衰落、公共空间消失，还有身为人意义何在的存在困境。

历史上有过很多这样的时刻。1516 年 12 月，一本小书在鲁汶出版。鲁汶当时属于西班牙统治下的荷兰，现在是比利时一所大学的所在地。这本书面世时，经济经历剧变，人们有很多生存方面的疑问，比起当今有过之而无不及。传统封建社会的各种观念从各个角度受到挑战，经济不平等、大规模失业和千年焦虑随处可见。不久之前，波兰天文学家尼古拉·哥白尼才偶然意识到我们的行星并非宇宙中心这个不可言说的事实。约翰内斯·古登堡的印刷术使知识民主化，动摇了数个世纪以来天主教的权威。最令当时的人迷惑的是，马丁·路德提出了宿命论，这个神学新理论令人害怕，认为基督教上帝拥有无边无上的力量，人类永远不可能再有任何决定自身命运的自由意识和自主权。因此，对许多十六世纪的人来讲，未来已经彻底毁了。新的宇宙学和神学似乎将他们变成了世界的注脚，在这个新世界里，他们找不到自己的位置，失去了命运的主宰权。

那本小书的部分目的就是治愈未来，重建人类对自身自主权的信任。它比一般小册子厚不了多少，作者既是异端的压迫者，又是基督教的圣人；既是老于世故的律师，又是胸怀抱负的僧侣；既是地主，又是代表无地者的良心；既生活在中世纪，为人粗俗诙谐，又是个文雅的古典学者；既是文艺复兴的人本主义者，又是着粗毛布内衣[1]的罗马天主教徒；对于十六世纪欧洲陈旧的操作系统，他既直言维护，又含蓄批评。

这位作者名为托马斯·莫尔（Thomas More），而这本用拉丁文写的书名为《乌托邦》——意为“乌有之地”或“完美之地”。莫尔想象了一个不知在何时何地的岛屿，岛上的这个国家既像是美梦又像是噩梦：岛上对经济高度管制，实现了完全就业，个人没有任何隐私，男女相对平等，统治者和被统治者之间存在密切信任。在莫尔的《乌托邦》里，没有律师，没有昂贵的衣服，没有任何人不务正业闲逛。这个乌有之地一直位于远远的地平线上，一直以挑衅的姿态挑战当权者，既是最诱人的承诺，也是最迫切的警告。过去如此，现在仍旧如此。

2016年是这本书面世五百周年。有人说乌托邦将要“回归”。但事实上，莫尔创造的乌托邦从未真正远离我们。[12]《乌托邦》之所以揭示了普世真相，就是因为这本书兼有两个特点：永不过时和切合当下。随着我们从工业社会转向网络社会，莫尔在这本小书中提出的重大问题仍然十分应景：隐私和个人自由之间紧密相关、社会如何供养公民、良好社会中工作的核心角色、统治者和被统治者相互信任的重

1 以动物毛制成的布做的贴身衣服，穿起来很不舒服。某些基督教派僧侣着此类衣表示悔改和苦修。

要性，以及每个人都有责任为社会做贡献并改良社会。

爱尔兰剧作家奥斯卡·王尔德曾讲过乌托邦永不过时。1891 年，他讨论了当时新的操作系统，即工业资本主义。他写下《社会主义下人的灵魂》，从道德上批判了工业社会中不道德的工厂和屠宰场。王尔德写道："一幅世界地图上如果没有乌托邦，根本就不值得一瞧，因为它遗漏了一个国度，人类总在那里登陆。当人类在那里登陆后，四处眺望，又找到一个更好的国度，于是再次起航。"[13]

那么，这份神秘的十六世纪文本中，隐含着什么信息——什么是"莫尔定律"呢？

这个问题令一代代的思想者冥思苦想。有人认为，莫尔是在追怀一个封建领地，这个封建领地为所谓的传统中世纪社群联合体提供保护。王尔德一类的改革派将这本小书视为对萌芽中的资本主义的道德批判，而保守派将其视作对农业共产主义的辛辣讽刺。还有人——比如伊拉斯谟（Erasmus），认为这本书只是用很长的篇幅在恶作剧罢了，是顶顶聪明的人本主义者的荒唐行为。鹿特丹的伊拉斯谟是一位荷兰人本主义神学家，同莫尔是莫逆之交，著有半庄半谐的《愚人颂》（*In Praise of Folly*）一书。

不论人们用哪种说法诠释这本书，都试图在故意写得隐晦的文字中找到线索。但这本书还可以用截然不同的方式看待。1516 年到 1518 年，《乌托邦》出版了四个版本，第一版在鲁汶出版，第二版在巴黎，第三、第四版是历史学家认为最接近莫尔原意的版本，在瑞士巴塞尔出版。[14]第一版和最后两个版本最大的区别在于后者有这个假想的岛屿的地图。巴塞尔版本中包含一张复杂的地图，由伊拉斯谟委托小汉斯·霍尔拜因（完成该地图最可能的画家）所作。这位文艺复兴时期的艺术家最知名的作品是1533年的人本主义杰作《大使》，画中有一种离奇的失调感，准确捕捉了那个时代充斥的危机感。[15]霍尔拜因还在1527年为托马斯·莫尔画过肖像，这幅杰作更私人化，捕捉到了莫尔同时身为俗世之人和侍奉上帝之人离奇的失调感。

这幅地图也许隐藏着莫尔的意图。乍一看，这是个多山的环形岛屿，中心有一座筑有防御工事的城镇，前景的港口泊着两艘船。但细看之下，就会看见非常不一样的东西。闭上一只眼，用稍微异于平时的方式看去，乌托邦变成了露齿而笑的骷髅，象征着memento mori，这个拉丁文词组意思是“记住你终究会死去”。骷髅在古罗马和中世纪的欧洲都是常见的对死亡的比喻。岛屿本身是骷髅的轮廓，一艘船是颈部和耳朵，另一艘船是下巴，桅杆对应骷髅的鼻子，船身对应牙齿。城镇是额头，山与河共同构成了骷髅的眼眶。[16]

那么，把乌托邦的地图画成骷髅究竟是什么意思呢？当然，莫尔和他那些十六世纪初的人本主义者朋友之间有些幽默只有圈内人才看得懂，这也不例外。Memento mori是用莫尔的姓（More）玩的一个文字游戏，把岛图画成骷髅是代表伊拉斯谟写的一个经典故事。但是这幅图还传达了更多信息，如同骷髅的轮廓第一眼看去并不明显，读者也不能马上明白其中更强调生命的信息。

十六世纪初最重要的辩论发生在文艺复兴人本主义者和新教改革传道者之间，前者有莫尔和伊拉斯谟，后者有路德。这场辩论的辩题是自由意志。你应该还记得，路德在宿命论中提出，在上帝的绝对权威面前，人类失去了全部自主权。而人本主义者坚守自由意志的观点。莫尔的《乌托邦》的确就是自由意志的展现，他设想了一个理想社会，证明我们有能力造就一个更好的世界。莫尔将自己对这个社群的想象呈献给读者，鼓励他们动手解决自己所处社会中的真正问题。

因此，《乌托邦》发出行动的号召。这本书认为我们有改善世界的自主权。这又涉及霍尔拜因的地图上咧嘴笑的骷髅的另一含义。在古罗马，memento mori这句话用来提醒打了胜仗的将军，他们也会犯错。“*Memento mori... Respice post te. Hominem te esse memento.*”军队获胜之后进行胜利游行，此时奴隶便会在人群中对凯旋的将军这么喊。“是的，你终会死去，”奴隶提醒罗马的英雄，“但那之前，记住你是一个人。”因此，在异教时代的罗马，骷髅既象征生，又象征死。它提醒人们，要趁着还有机会努力培养公民意识并投身公共事务。

与摩尔定律的技术决定论相比，莫尔定律说的是我们有责任让世界变得更好。《乌托邦》里也经常说让人们应该对自己的社群负有“责任”。莫尔写道：“公布任何法律都是为了使每一个人不忘尽职。”

因此，托马斯·莫尔通过莫尔定律定义了身为一个有责任的人应当做什么。他不但按照这个原则生活，还为此付出了生命。莫尔拒绝许可国王亨利八世和他的第一任妻子离婚，因此被亨利八世砍了头。莫尔相信，生而为人就意味着对我们的公民生活和世俗命运负责。

今天的加速时代距离《乌托邦》出版已经过了五百年，技术变革似乎将不可避免地重塑社会，而今天的我们和五百年前的人感到同样无力。莫尔提醒我们，担起社会航行的舵手或领航员的职责，解决自己的问题，是我们的公民责任。在十六世纪让我们之所以为人的，是这一点；今天让我们之所以为人的，也是这一点。

“*Hominem te esse memento.*”罗马奴隶提醒凯旋的将军。我们似乎不可避免地正漂向一个超连接的新世界，在这片陌生土地上努力寻找自己位置的时候，我们应该记住这句话。

“人性”一词正流行

托马斯·弗里德曼2016年出版了畅销书《谢谢你迟到：一个乐观者的加速时代成功指南》（*Thank You for Being Late: An Optimist's Guide to Thriving in the Age of Accelerations*），书中用了五十页的序章赞美了“摩尔定律”，几乎把它抬高为二十一世纪初的社会最根本的事实。[17]但不管对乐观者还是悲观者而言，戈登·摩尔对于硅片运算能力提出的说法，对于在加速时代如何成功，并没有特别的指导作用。

而莫尔定律更有用，因为它告诉我们该怎么行使自主权，把未来的空洞填上。“人”现在是技术界的热词，这不是说会出现“技术vs人类”[18]这样摩尼教式的一决胜负，也不像一些未来学家预想的，将出现一场“数字vs人类”[19]的铁笼战，而是说数字革命给人带来的代价正迅速变成数字社会的中心问题。每个人似乎都开始意识到一场零和竞争，以色列历史学者尤瓦尔·诺亚·赫拉利（Yuval Noah Harari）称之为“数据主义”和“人本主义”的对抗。他说，一边是算法派，另一边是“认识自己”派。[20]每个人似乎都有自己的办法帮助“人之队”胜出。“人之队”是新媒体专家道格拉斯·洛西科夫（Douglas Rushkoff）的说法。[21]

似乎每个人都想知道在数字时代身为人的意义。比如，老地毯厂举办“加密与去中心化”活动前几天，我参加了柏林的一个午餐会，午餐会的名字却有些倒胃口，叫“迈向以人为本的数字革命”。再之前一个月，我在三次活动上做了发言，一次是牛津的“真正的人”活动，一次是维也纳的“重振我们的人性”，一次是伦敦的“工作的未来是人”。世界经济论坛创始人——瑞士人克劳斯·施瓦布（Klaus Schwab）就对这种新人本主义非常关注。“说到底就是人和价值观”，他这样解释数字技术对工作的影响，[22] 所以我们需要以他所说的“人的叙事”来解决这个问题。[23]

在当今的智能机器时代书写关于人的故事，就要求对人的意义做出定义。“一旦你开始定义人的意义，就成了一种信念。”作家兼发明家杰伦·拉尼尔（Jaron Lanier）曾在一次吃午饭时提醒我说。当时我们在纽约准备一场关于人工智能对人类影响的辩论。拉尼尔也许是对的，但在这个世上，我们已经发明了酷似人类的技术，因此就不免要把自己和智能机器相比较，才能同时定义自己和这种新技术。此外，如果我们不相信自己的人性，还能相信什么？

为了区分人类和电脑，我采访了沃尔夫勒姆研究公司（Wolfram Research）的首席执行官史蒂芬·沃尔夫勒姆（Stephen Wolfram），这是一家总部位于马萨诸塞州的电脑软件公司。沃尔夫勒姆也是世界上最有才华的计算机科学和技术企业家之一。他先后就读于伊顿公学、牛津大学和加州理工学院，二十岁就取得了理论物理博士学位，二十二岁获得62.5万美元的麦克阿瑟奖学金，是史上获得该“天才奖”最年轻的人。他还是获得高度评价的畅销书《一种新科学》（*A New Kind of Science*）的作者。他创立了有影响力的数学软件项目 Mathematica，以及在线知识搜索引擎 WolframAlpha，后者可以说是超智能版本的谷歌，应用范围很广，苹果手机上的 Siri 被提问后给用户的答案就是这个引擎提供的。除了这些令人啧啧惊叹的成就，他还发明了 Wolfram Language，这是一种基于 Methematica 和

WolframAlpha 的编程语言，旨在帮助我们和机器沟通。

我第一次见到沃尔夫勒姆是在阿姆斯特丹的未来网络会议（Next Web Conference）上。我们没有讨论抽象的未来，而是很愉快地聊了一晚上自己的未来——各自的孩子。他主张在家上学，他自己的几个孩子就是他和数学家妻子在家教育的。他的母亲希宝也是一位老师——是牛津大学的哲学家，对路德维希·维特根斯坦的语言哲学有专门研究。

“我们该做什么？”沃尔夫勒姆小心翼翼地重复着我的问题，好像这位百万富翁软件企业家、世界知名物理学家兼畅销书作家从未被人问过这么难的问题。

他解释说，他所做的，或尝试做的，是教人理解机器的语言。他正在发明一种所有人都能明白的人工智能语言。

“我想创造一种机器和人的通用语言，”他告诉我，“传统计算机语言是为机器而发明的，而自然的人类语言又无法复制给机器。”

我问他是不是也对人工智能持悲观态度，害怕技术产生自我意识，进而奴役人类。

计算机——可以思考的机器，是维多利亚时期数学家阿达·洛芙莱斯（Ada Lovelace）和生意伙伴查尔斯·巴贝奇（Charles Babbage）在十九世纪中期设想出的。沃尔夫勒姆说过去几百年里最重大的发明就是计算机，但他坚持认为有一样东西计算机不具备，那就是“目的”。他说机器不知道下一步该做什么，我们不能通过编程让机器拥有这种本领，机器写不了这本书的下一段，也治愈不了未来。

沃尔夫勒姆十分推崇阿达·洛芙莱斯，她曾表示过，计算机软件在智能方面存在局限，他的主张基本上可以说是她思想的翻版。1843年，洛芙莱斯写下这段著名的话：“分析机没有开创的能力，它做的事只能是我们知道该怎么命令它去做的事……它所能做的就是协助我们，帮我们把已经知晓的事情实现。”[24]

“如果狮子会说话，我们也听不懂。”沃尔夫勒姆引用的是维特根斯坦的著作《哲学分析》（*Philosophical Investigations*）里的金句。他说，对于哪怕是最智能的会思考的机器，也是如此。如果一台计算机能开口说话，由于存在人机差异，我们也不能明白它真正的意思。如果机器能讲我们的语言，那它们也无法完全理解我们，因为人类有目标，而它们，用洛芙莱斯的话来说，不能“开创”任何东西。

“人性”有什么意义，其实就是没有定义，至少没有绝对的定义。每一代人都必须根据自己这代人最关心的事和当时的境况自己去定义。比如说，对于文艺复兴初期的人本主义，目标是要寻回和续写被黑暗时代打断的历史。对于托马斯·莫尔和尼科洛·马基雅维利（Niccol ò Machiavelli）而言，作为人意味着要身着旧日的礼袍，这“旧日礼袍”有时确实是指他们的着装。五百年后，我们关心的事和所处环境都大不同了。在今天，人的意义与人和网络技术，尤其是人和智能机器紧密相关。如果再来一次文艺复兴，新人本主义的中心必然会是人和智能机器的关系。

沃尔夫勒姆的定义以人的自决性为中心，不仅切合当下，也永不过时。我们在二十一世纪的独特角色，套用洛芙莱斯的话来说，是能“创立”一些东西。这点正是我们和智能机器的区别。这个定义提醒我们要有道德感，要我们行使公民责任改善世界，因此也可以说是莫尔定律的升级版。

世界经济论坛首席执行官施瓦布说，解决未来最棘手问题的方式是书写一个关于人的故事——对人的叙事。这也是本书的目的。面对当下数字变革的大潮，这个故事讲的是许多地方的许多人用许多的办法去迎接新网络时代的挑战。他们正填补未来的空洞，依据莫尔定律，试图创造一个让人掌舵而不是机器掌舵的新操作系统。他们的共同之处在于坚信：在智能机器联网的时代，人类必须夺回自己的命运，做自己故事的执笔人。

第二章　治愈未来的五大对策

测试版世界

这个建于十九世纪的老街区处处都是二十一世纪的事物，我和老朋友约翰·博斯维克（John Borthwick）在一起。他是Betaworks的创立人和首席执行官，Betaworks是一家总部位于纽约的风险投资公司，专门孵化技术初创企业。我们身处位于纽约肉库区的Betaworks工作室。这个街区在曼哈顿下城，因十九世纪时的大型屠宰场而得名，如今是纽约最新潮的区域之一。除了鹅卵石街道、精品店、高档俱乐部、各色餐馆，这个区域出名还因为地处高线公园的南端，高线曾是旧纽约中央铁路的路段，如今已经被成功改造为长达三英里的高架公园。

博斯维克的工作室就在一栋旧砖楼里。这栋宽大的建筑由一个破旧的仓库改建，如今是个开敞式的办公空间。这里坐了一排排年轻的电脑程序员，他们个个盯着屏幕，被博斯维克称为“驻企黑客”。这有点文艺复兴的感觉，曾经的工厂如今重获新生，化身为数字中心。黑客们正身处十九世纪的工业外壳里，制造二十一世纪的互联世界。

但这个新世界还在beta阶段——beta在技术中指的是还未准备好正式发布的产品。我来找博斯维克聊的就是这个新兴的测试版世界。我们是多年好友，他跟我一样，也曾在二十世纪九十年代中期的互联网热潮里创业。1994年，他刚从沃顿商学院毕业就创立了一个纽约市信息网站，起名阿达网（Ada Web），致敬阿达·洛芙莱斯。1997年，博斯维克把阿达网和其他几个网络产权卖给了门户网站美国在线（American Online），成为美国在线新产品开发主管。之后他又在跨国媒体集团时代华纳公司（Time Warner）主管技术，直到2008年创办Betaworks，在这里他投资了包括推特（Twitter）和爱彼迎（Airbnb）在内的成功的、价值达数十亿美元的公司，赚了大钱。

“我爱上了互联网这个创意”，博斯维克解释说他为什么要做互联网创业，他和诺伯特·维纳等二十世纪中期的先驱一样，相信网络技术可以引领人类进入更好的世界。这个创意认为新的网络世界比旧的工业社会要好，相信互联网可以让社会更开放、更创新、更民主，从而改变社会。

但在过去二十五年里，博斯维克对互联网的态度不再是年轻时的信心满满，如今他对数字技术的改革力量的看法很矛盾。我们坐在他工作室的会议室里，周围坐满驻企黑客，我们一起思考不久后的网络世界。二十世纪九十年代是一个纯真年代，当时的人对互联网看似无尽的潜力充满信心——相信它能带来开放、创新、民主，但如今大家信心无存，人们意识到测试版世界好像存在什么问题。

我们聊着聊着发现，两个人都认为，当今社会分化、对政府缺乏信任、经济前景不明、文化上的焦虑感，这种令人目眩的氛围是数字革命造成的，至少可以部分归结于此。但是，跟爱德华·斯诺登旗帜鲜明地斗争不同，博斯维克对于将来并非感到悲观，而是看得更现实。他和所有的人一样明白数字革命的伟大成就，也明白存在的问题。他跟我的立场一样，我们都是“也许”派。

那么，怎么重建未来，把斯诺登认为我们已经失去的自主权发挥出来呢？我说："五点吧，约翰。给我讲五点对策，说说怎么和未来重新相爱。"

博斯维克的五点对策

博斯维克性格欢快，长得像个大男孩，满头黑发蓬起。听了我的挑战他咧嘴笑了。对他来说，新新事物不是个人电脑或互联网，而是人工智能——联网智能机器、智能汽车、智能算法、智能家居、智能城市，都依靠该技术才得以实现。有人害怕这种超智能技术有朝一日会摧毁人类，这也是博斯维克回答我的问题时最先谈到的。

"你看，我们这个行业扭曲现实太多了，"他承认技术行业的现状，"所以我们他妈的根本不知道人工智能会成什么样子。"

但是他知道人工智能不该是什么样子：不该由一家赢者通吃的公司专有和运营。所以他的第一个对策，用他的话来说是"开放式人工智能平台"，这是一个技术专家的公共空间，不可谓不像当地企业家、城市监管者、城市活动家联手打造的纽约中央铁路公园。博斯维克把构成联网操作系统的多层技术称为"栈"，他说必须保持"栈"向所有类型的开发者和应用开放，这一点至关重要。借用柏林风险投资公司蓝庭的说法，博斯维克想要把开放的"价值观""编码"到互联网的架构中去。这是人工智能时代一种网络中立的做法。这种开放式人工智能平台效仿的对象是万维网，1989年，蒂姆·博纳斯－李（Tim Berners-Lee）慷慨地把这个开放平台送给技术界，第一代互联网创新公司如Skype、亚马逊（Amazon），还有博斯维克自己的阿达网此后借助这个平台蓬勃发展起来。博斯维克告诉我，这就是他为什么要给非营利组织奈特基金会（Knight Foundation）的"人工智能伦理与治理基金”（Ethics and Governance of Artificial Intelligence Fund）担任顾问。该基金2017年宣布成立，注册资本为2700万美元，旨在为了公共利益研究人工智能。[1]

但博斯维克承认，每有一位博纳斯－李，或每有一家奈特基金会热心公益，就会有一家私企试图完全控制技术栈，以此主导整个市场，所以就需要反垄断监管——这是他第二个对策。博斯维克担任美国在线新品主管的时候，曾涉足2002年美国政府对微软提起的反垄断诉讼。通过这个复杂至极的案子，博斯维克十分明白：一个人数众多的高薪律师团，对涉及电脑操作系统的法律和技术细节争论不休，对时间和金钱都是巨大的消耗。[2]同时，身为初创投资人，他也明白，需要保护自己的驻企黑客不受谷歌、亚马逊和苹果这些庞然大物的威胁。反垄断对于博斯维克这样的创投人很重要。他说，初创企业家和技术专家需要政府保护，防止他们被赢者通吃的跨国企业干掉，因此监管有时对于保护创新是必要的。

他的第三个对策关注的是公共领域的重要性。作为推特早期的投资人，他清醒地看到，这家社交媒体公司一方面努力在文化和新闻生成上发挥更中心的作用，一方面又艰难地寻找更有说服力的商业模式。他说，推特的价值远不止金钱——特别是在这个特朗普主政的“后真相”时代，到处充斥着假新闻，邪恶的网络巨魔煽动网络暴民的事情司空见惯。[3]因此他说，我们应该以公共电视或广播公司的标准要求推特这样的著名媒体公司。

他坚持认为：“应该用管理哈佛大学或《卫报》的公共原则来管理推特，这点很重要。不要只把推特看成营利企业。”如今假新闻泛滥，很多信息里偏见或错误多到荒谬的地步，这让当前本已缺乏信任的文化无疑又恶化了不少。在这个背景下，博斯维克说这句话是想表明，包括推特在内的一些最有影响力的新媒体太过重要，不能用营利企业的标准来衡量。

博斯维克的下一个对策针对的是人机之间界限日益模糊问题。特别是当前增强现实技术发展迅速，区分人体和联网设备会越来越难。他在椅子上挪了挪，说起智能技术中心的存在困境。

他试探地问道："到哪一步我们就不再是人了呢？"这听上去像在发问，又像是恳求。他说，今天的技术要求人类具有巨大的道德责任。事实上，要担负的责任太大，所以我们需要建立"以人为中心的设计标准，维护这个物种的本性"。博斯维克没有说这些界定人性的"标准"该由谁来定。也许是由当今颠覆世界、给人类带来存在危机的技术的设计者来制定；也许是由新的政府法律来制定；也许是由爱德华·斯诺登这样忧虑的公民或奈特基金会这样的公共利益团体来制定；也许是由博斯维克自己这样的投资人来制定。

博斯维克提出的最后一点对策讲了人的主动权，这没有什么奇怪的。这位沃顿商学院毕业生兼成功的风险投资人以赞许的态度引用《共产党宣言》，说明当今世界有异常。然而，这也正是博斯维克开始讲他第五个对策。他说，如果将时针拨回到十九世纪中叶，我们会看到和今天相似的世界：颠覆性的新技术带来动荡，贫富差距巨大，工作环境卫生状况极其恶劣，失业率居高不下，市场被资本主义企业垄断。

博斯维克把今天的世界和工业革命时相比较，很有启发性。工业革命历史学家埃里克·霍布斯鲍姆（Eric Hobsbawm）提醒我们，1789 年的世界"基本上是一个农业社会"，当时大多数人既读不到报纸，也没有其他外界信息的来源，对他们而言，世界“大到不可想象”。[4]这个时代的社会里大多数人偏安一隅，世代务农，如果在距那时两百多年前去世的托马斯·莫尔看了，也不会觉得跟自己的年代很不一样。但仅仅六十年后，1848年2月，卡尔·马克思和弗里德里希·恩格斯在伦敦发表《共产党宣言》时，农业社会已经因为蒸汽机、电气化、大机械生产的出现而面目全非。“十九世纪主要是黑烟和蒸汽的世纪”，[5]霍布斯鲍姆形容当时的世界。1850年到1870年，全球煤产量增加了超过150%，全球铁产量增长了400%，全球蒸汽能增加了超过450%。[6]

“一切固定的东西都烟消云散了。”马克思和恩格斯像是在描述摩尔定律给现代的社会带来的剧变。他们这样描写工业革命：“生产的不断变革，一切社会状况不停地动荡，永远的不安宁和变动，这就是资产阶级时代不同于过去一切时代的地方。”[7]

对于十九世纪中期工业世界的巨大不平等和不公正，从马克思和恩格斯，到托马斯·哈代，再到查尔斯·狄更斯，许多作者都有记录。《共产党宣言》称：“剥削”是“公开的、无耻的、直接的、露骨的”。[8]用匈牙利经济学家卡尔·波拉尼（Karl Polanyi）的话来说，到1848年，工业革命“对普通人的居住环境造成了前所未有的浩劫”。波拉尼是《大转型》一书的作者，这本1944年的经典著作记叙了农业经济向工业经济的转变。

对于十九世纪中期的英国经济，波拉尼写道：“劳动者被迫到新的荒芜之地——所谓的英格兰工业城镇拥挤地生活；乡下人非人道地沦为贫民窟的居民；家庭正走向毁灭；‘撒旦的磨坊’呕出的煤渣和废物迅速吞没了大面积的乡村。”[9]波拉尼写道，这样导致的最后结果是创造了“两个国度”：一个有“前所未闻的财富”，一个有“前所未闻的贫困”。[10]

波拉尼说，“普通人过上悲惨的、背井离乡的生活”。他将此追溯到十六世纪的圈地运动，当时资本主义活动导致大量农业人口失业，莫尔在《乌托邦》中批判了这一现象。莫尔对十六世纪的英格兰做了尖刻的描写：“你们的羊一向是那么驯服，那么容易喂饱，据说现在变得很贪婪、很凶蛮，以至于吃人。”[11] 波拉尼认为，圈地运动和工业革命早期的问题，在于“抛弃了以常理对待变迁的态度，取而代之的态度是，对于经济增长带来的社会后果，不知为何心甘情愿地接受，不管这些后果是什么”。[12] 波拉尼说，一个自我调节的自由市场，“意味着一个彻头彻尾的乌托邦”，不可能“在不毁灭人性和社会本质的前提下”存在。[13] 波拉尼批评的不是资本主义本身，而是对自由市场的崇拜，后者将任何形式的监管和干预都视为对自由的根本攻击。

波拉尼对十九世纪中期欧洲生活的描写如同末日景象，而霍布斯鲍姆的描写如出一辙。他解释说，最“基本的城市生活服务”——如街道清洁、供水、基本卫生，跟不上经济和技术的迅速变化，因此十九世纪三十年代到五十年代，欧洲时有霍乱和伤寒爆发。霍布斯还说，严重的酗酒问题在欧洲带来了一场“烈酒传染病”。[14]“社会和经济大灾变”不仅令“杀婴、卖淫、自杀和精神错乱”如瘟疫般在城市中蔓延，[15] 还导致了欧洲农村 1795 年、1817 年、1832 年和 1847 年的大饥荒。霍布斯鲍姆写道，即使是充分就业的地方也十分贫困：1852 年，在兰开夏郡的普雷斯顿磨坊镇，即使是进了好行业的工人，也有 52% 生活在贫困线以下。霍布斯鲍姆总结说，即使你属于少数能幸运地活到老的人，晚年也“极度困难，只得隐忍顺从”，因为当时既没有政府医保也没有社保体系能照管老年人。[16]

我从 Betaworks 的工作室窗户望向外面的鹅卵石街道，想象 1848 年 2 月马克思和恩格斯发表《共产党宣言》时，肉库区是什么模样。十九世纪中期，许多纽约的屠宰场都违法经营，工厂污秽不堪，生产的肉不安全；“雇用”了贫困工人，对他们却没有任何工作保障。当时的情况可以说是一片混乱。每宰杀一头牛，就有一半不能食用，这些难闻的动物残骸大部分都被扔进了当地的河流和湖泊。[17] 当时屠宰场的通常做法是把不要的牲畜尸体堆在屠宰场外面，直至有人来运走。儿童就在血水横流的街道上玩耍，难怪当时肺结核和白喉在纽约那么流行。

十九世纪，工业城市纽约的其他区域也没有好到哪里去。霍布斯鲍姆写道，十九世纪下半叶，纽约下东区“也许是西方世界最拥挤的贫民区，每英亩① 容纳了 520 人”。[18] 工作环境也同样恶劣，特别是在纽约的服装厂里，工人每周要劳动 60 小时，还有送命的危险，因为机器会时不时切断工人手脚或削掉头皮。根据 1900 年的美国人口普查，劳动力中有 6% 是 10 岁到 15 岁的孩子，他们做的是成人的工作。恶劣的工作环境经常导致暴动，同样常见的还有工厂主雇暴徒威慑造反的工人。

博斯维克提醒我注意这个时期的工业社会经历了哪些普遍变化。“将时间线快进一个世纪，你会看到我们实现了当时不可想象之事。《共产党宣言》里十个目标已经和平实现了八个。”他说的是马克思和恩格斯提出的十条“措施”，马克思和恩格斯认为，这些措施能够在先进工业国创造无阶级社会的条件。这些目标包括征收累进税、设立国

① 1 英亩等于 4047 平方米。

家银行、建立土地公有制度、政府控制交通运输业、向所有儿童实行免费公立学校教育，以及取消童工。[19]

博斯维克想说，在1850年大部分人看来遥不可及的事——比如禁止童工、创立国家银行、免费公立教育、累进税制——如今在世界上几乎每个国家都已经是理所当然的了。博斯维克承认，这些改革的实施效果并不一定总是理想的，但过去的一百五十年里，它们渐渐成为文明社会不可或缺的基石。比如，十九世纪八十年代，在马克思和恩格斯发表《共产党宣言》三十年之后，德国刚统一不久，宰相奥托·冯·俾斯麦建立了强制性的全国社会保障体系，产业工人从此有了医疗、事故和养老保险。此后，每个正在工业化的国家都建立起了自己的社会保障制度，并对其进行修改，以适应各自的政治文化——从德国法团主义模式，到斯堪的纳维亚社会民主传统，再到英美等盎格鲁－撒克逊国家更多以市场为基础的社会保障制度。

今天，博斯维克解释说，我们面临一系列新的挑战，这些挑战也需要类似的不可想象的对策。不，他承认，数字革命并没有重现英格兰北部的“撒旦的磨坊”，现在没有成群的童工，也没有恶劣的工作环境；纽约的街道也不再流淌着动物尸体的血。历史不会重演，至少不会按原样再来一遍。但二十一世纪初的大转型对我们的挑战是一样的——特别是从经济不平等和未来就业方面来看。波拉尼的两个国度再次出现。但是今天，这两个国度不再是蒸汽或电力的产物，而是正在被数字技术塑造。今天，迅速破坏就业和工作性质本身的是智能机器，而不是莫尔时代被圈的农田，也不是马克思和恩格斯时代的机械化工厂。2013年，牛津大学发布的一份白皮书预测，在未来二十年内，47%的工作将因为智能机器而消失。[20]2017年，麦肯锡公司的一份报告预测，未来我们 49% 的工作可以通过现有技术实现自动化。[21]

那么，接下来就是博斯维克提出的第五点，也是最有雄心的一个对策。他告诉我，我们需要为当今的网络社会建立完全不同的权益保障计划、教育机构和社会保障制度。他说，正如十九世纪的工业革命完全改变了雇员、雇主和政府的关系，今天的技术革命也需要引起同样彻底的思考。博斯维克说，一个初步的设想是“最低保障收入”，即在人们因为技术失业时，为其提供最低的经济保障。“我们不可能有稳定的社会，”他坚持认为，“除非相当多的人能就业。”

这就是约翰·博斯维克的宣言，他提出的治愈未来的五点：

——开放的技术平台

——反垄断监管

——负责任的以人为中心的设计

——对公共空间的保护

——新的社会保障制度

但他解释说，这几点中没有哪点是魔法。十九世纪末和二十世纪初，许多马克思主义者相信，一场世界无产阶级革命可以立竿见影地解决工业资本主义的所有问题。与他们不同，博斯维克很明白，一场革命不可能自动解决数据大革命的所有问题。他的叙事中并不存在宏大的黑格尔式合题。历史不会因为一场革命而落幕，远方也没有乌托邦岛。

借用康德的一个词来说，博斯维克对未来的看法是“曲”的。他用“栈”这个比喻，即支持有效平台的层层技术，来解释他这些迥然不同的想法如何与未来相洽。他说，这些想法都是全新的二十一世纪操作系统中可替换的部件，这个系统在不断演化，适应全新的技术创新。

他承认，互联网、云和移动技术、人工智能和大数据的组合效应的确正让世界发生翻天覆地的变化。这位风险投资人说，对此我们需要促成同样有力的公共政策、伦理责任、法律改革和技术改革的新组合。他坚信，这些方面的改革不该像“筒仓”一样孤立进行，互不相关，而是应像成功的技术平台下的产品栈一样，只有协同作用才会最有效。

组合战略

博斯维克五点对策的不凡之处在于，虽然数字技术激涌突变，却没有一个对策是新的。从英格兰的棉纺织厂，到曼哈顿的屠宰场；从十九世纪兰开夏郡的磨坊小镇的不平等，到十九世纪纽约市的不平等；从托马斯·莫尔所处的十六世纪英格兰的两个国度，到马克思和恩格斯所处的十九世纪欧洲的两个国度，这些现象我们都见过了。

现在和过去当然并不是毫无二致，我前面提到，历史不会按照原样重演。但工业革命时代的许多问题和我们面前的数字时代的问题相似。所以，博斯维克提出的对策——开放的公民价值、对公共空间的需要、创新和监管的共生，当然还有在技术激变的时代重新阐释人的意义——这些从本质上来说并不是什么新办法。

落实这些办法需要的策略也并不新鲜。毕竟，和平解决世界性问题的方式只有这么多可选。本书要讲的，就是治愈未来的五种长久不变的方法。

按博斯维克建议，第一类方法是通过政府或法律规定，比如以反垄断监管保护竞争，或设立公共媒体保证可靠信息能自由流动。当然，硅谷内外坚守自由市场的自由主义者会强烈反对。但是本书，特别是第六章，通篇都会证明他们是错的。创新和监管互相依存，没有新的法律就永远无法治愈未来。正如托马斯·莫尔提醒我们的那样，好的治理有史以来一直至关重要，这一点永远不会变。

第二个方式是通过创新者努力，比如Betaworks的驻企黑客或出席蓝庭资本活动“加密与去中心化”的企业家，他们发明的新技术和新产品改善了人们的生活。这并不意味着所有的创新者或创新项目都是好的。我们将在下一章看到，像谷歌和脸谱网这样的大技术公司的许多数码创新就有问题。不过我会在第七章说明，不能因此彻底否定创新企业家，他们创造的许多产品实现了数字革命的理想。空想家可以想象出理论上比自由市场资本主义更先进的经济制度，但这在现实世界中是不存在的。

第三点要通过消费者行为实现，他们想要选择什么、愿意付出多少钱，决定着市场和产品。当然消费者并不总是对的，特别是在产品价格低到离谱甚至“免费”的数字时代。但在本章后面，我们会通过食品行业的历史看到，正是因为消费者要求更高的质量、更健康的产品，为解决工业资本主义许多的早期问题发挥了中心的作用。

第四点是通过工会、慈善家、非营利机构的各种举措，或者通过斯诺登这样的个人投身其中实现。我将在第八章和第九章指出，实现的方式包括罢工和其他直接的劳工行动、公共项目、捐赠，以及向政府和产业施压。这是最能体现莫尔定律的一条——人们以自身意志去改善公民同胞的生活。

第五点是教育的作用。父母、老师、导师、政策制定者，甚至像本书这样的作品，各种形式的教育正在帮人们书写自己的故事，确定他们心中的社会最理想的样子。我们会在第十章看到，重塑教育尤其有挑战性，因为不仅需要新型的教师和学校，还需要以全新的眼光思考教育的目的是什么。

下面就是我们治愈未来的五点对策：

——监管

——竞争性创新

——社会责任

——劳动者和消费者选择

——教育

Betaworks 首席执行官博斯维克说得对。没有哪一条良策可以妙手回春，但本书将证明，如果能创造性地实施这五条改革策略，让它们共同作用，测试版世界将变成一片沃土。关键是五条策略要并存，如同二十一世纪的新操作系统的底层技术栈的不同组件要并存才能起作用一样。如果任何一条被捧上神坛，压倒其他，就起不了作用。比如，波拉尼把崇尚完全自由不受约束市场的做法称为“黑暗乌托邦”(stark utopia)，这导致了十九世纪工业资本主义的许多问题。当然，对导致两个国度的工业资本主义，苏联的反应更有问题：崇尚政府权力，禁止任何竞争创新。

所以，关键在于要用组合策略。在历史上，总是这五大方法——监管、创新、社会责任、劳动者和消费者选择、教育，以种种方式组合，成功应对剧烈的社会变化。过去几百年的历程特别能够说明这一点，工业社会萌芽期间出现的种种野蛮和不公，都通过五大方法的各种组合作用大大改善了。

美国肉类加工业的历史就是很好的例子，告诉我们在这些方法共同作用下是怎样改善社会的。当年，肉类加工作业既不安全也不卫生，还存在掺假肉的问题，引发了公众的强烈抗议，特别是美西战争期间出现大丑闻，“防腐肉”作为军队给养运到前线。面对肉类加工业的恶劣状况，恩普顿 · 辛克莱（Upton Sinclair）出版了小说《屠场》揭发该行业的黑幕，此后总统西奥多 · 罗斯福签署了1906年的《联邦肉类检验法》（*Meat Inspection Act*）。根据这项法案和其他卫生规定，政府将对肉类进行强制检验。从十九世纪后期开始，各种公民团体（如纽约保护女性健康协会）、当地组织（如纽约市大都会健康委员会）和联邦监管机构一直在同冥顽不化的屠宰业和包装业做斗争。这些行业不肯相信改变商业模式能令自身受益。让他们主动合作的努力一次次失败，小到小屠户，大到大包装厂，都声称自己的行业没有威胁到公众。屠宰场甚至抗议禁止在市区道路上赶牛的规定。法律实施之后，不仅没有妨碍行业生产，还加速了行业现代化的速度。十九世纪末到二十世纪初的改革经历千辛万苦才成功，推动了肉类加工业在技术、设计、生产效率上的创新，最终给普通消费者带来了更安全、更便宜的肉制品，对于生产者和消费者都是双赢。

纽约的生活环境和工作条件改善，更要归功于五个原则。各州的劳工赔偿法和1935年的《全国劳动关系法案》（*National Labor Relations Act*）保护了现代工人的工会权利，而强大的工会为工人争取到更高的收入、更安全的工作环境。1970年的《职业安全与健康法》（*Occupational Safety and Health Act*）将因工死亡率降低到了2013

年的每10万人3.3例。1938年的《公平劳动标准法》(*Fair Labor Standards Act*)禁止了童工，今天劳动力受教育水平更高，除了要归功于强制学生出勤的法律，也要部分归功于《公平劳动标准法》。如今大部分二十五岁以上的美国成人完成了高中学业；1930年，这一比例不足20%。二十世纪五六十年代，雾霾危机导致数百人丧生，之后呼吁清洁空气的活动家让污染空气的焚化厂不得不关门。联邦法规和1970年成立的环境保护局的举措使纽约的酸雨降水量减少，把排入哈得孙河的污水量降到了接近于零。事实上，如今一个纽约普通居民的环境足迹比农村或近郊居民还低。

最能说明这些对策共同作用效果的是工业革命期间食品行业发展的故事。这个故事和公共卫生、社会福利、公立教育扩大的进步时代的思想的发展相呼应。过去一百五十年里，企业领袖、消费者选择和教育通过政府监管、竞争性创新和社会参与的共同作用，极大改善了市场上许多食品的质量，食品更加有益健康，甚至价格也降低了。新政策、新组织和新习惯的出现，将这个失常的行业变成了服务企业家、消费者和社会的行业。

十九世纪中期的撒旦磨坊经济生产出的是同样恶劣的撒旦食物。1845年，恩格斯在百科全书一样的《英国工人阶级状况》中写道，卖给工人的大规模生产的食物常见掺假掺杂："制肥皂时剩下的废弃物也掺上别的东西冒充糖卖。咖啡粉里面掺上菊苣根粉及其他价钱便宜的东西；甚至没有磨过的咖啡里也掺假，而且假货还真像咖啡豆。可可里面常掺有捣得很细的褐色黏土，这种黏土是用羊脂油搓过的，掺在真的可可里简直看不出是假的。"[22]

当时很多批量生产的食品都是这样。有人把晒干的白蜡树树叶混进茶叶里，这种茶称为“smouch[①]”。因为smouch生产太多，英国议会只得通过专门保护白蜡树的法律！生产商用铅和铜锈等可能致死的毒素给茶叶和奶酪染色。为了增加利润，锯末常被掺进食品。美国的情况也差不多，监管缺位，许多食品掺假掺杂。到二十世纪初，随着A&P连锁商店等大型零售商兴起，很多新的食品大品牌为了保持风味和延长保质期开始过度加工，大量使用添加剂。食品虽然不再算是撒旦食品，却反映了当时社会越来越同质化和公司化的特点：寡淡无味、大同小异，对健康没有好处。

要解决这种状况不能一蹴而就。十九世纪，美国几乎没有监管食品成分或销售的联邦法律。1906年，情况有所改观，出台了《纯净食品与药品法》(*Food and Drug Act*)和《联邦肉类检查法》(*Meat Inspection Act*)。之后美国食品药品监督管理局(Food and Drug Administration，简称FDA)依法成立，专门保护消费者免受有害产品侵害。过去一百年里，FDA规范了食品中的染色剂和化学物质，确保产品标签和营销诚实可信，甚至率先招募志愿者成立“试毒小队”以测试食品添加剂的影响。1938年，富兰克林·德拉诺·罗斯福签署了新的《食品、药品与化妆品法》，该法案极大扩展了FDA的执法权，并建立了食品规范新标准，如今该法案仍是FDA的执法权基础。今天，FDA有40亿美元预算，有15000名雇员。

各种各样的机构和个人开始研究食品中添加糖的有害影响，开展研究项目的除了加州大学的科学家，还包括洛克菲勒基金会和世界卫生组织等非营利机构。教育，特别是书，警告人们工业加工食品

---

①当时茶叶十分昂贵，普通民众消费不起。不法商贩收购泡过的茶叶再晒干，混上树叶和其他杂质，经过染色后再次出售。这种茶称为smouch。

的各种害处，发挥了重要作用。阿瑟·卡莱特（Arthur Kallet）和F.J.施林克（F.J.Schlink）1933年出版的畅销书《一亿豚鼠：日常食品、药品和化妆品的危险》（*100,000,000 Guinea Pigs: Dangers in Everyday Foods, Drugs, and Cosmetics*），出版近六个月就印刷了13次。这本书第一次警告美国人，他们吃的量产食品中含有许多污染物。1962年，蕾切尔·卡森（Rachael Carson）出版了畅销书《寂静的春天》，这是公众和政府意识提高的一个分水岭，这本书让人们认识到食品和水源中的杀虫剂和有毒化学物质的危害。之后的书籍，如埃里克·施洛塞尔（Eric Schlosser）2001年出版的《快餐国度：典型美式饮食的阴暗一面》（*Fast Food Nation: The Dark Side of the All-American Meal*），警告人们快餐业对健康和环境带来的影响。2006年，此书改编为电影。

尽管美国仍然存在肥胖和饮食习惯不良的大问题，但过去二十五年间饮食文化已经发生了巨大变化，变得健康了许多。这个转变是由消费者需求和企业家创新共同带来的。1980年，约翰·麦基（John Mackey）在得克萨斯州奥斯汀市开了第一家全食超市（Whole Foods Market），当时美国只有寥寥数家奇特的天然食品超市，出售不含人工防腐剂、色素、调味料、甜味剂和氢化脂肪的产品。2017年6月，亚马逊以130亿美元收购全食超市，此时后者已经是一家财富500强上市公司，拥有431家门店和91000名雇员。成功的天然食品超市还有Trader Joe's、Sprouts和Earth Fare。甚至是像喜互惠（Safeway）这样的主流超市，也在所有门店开辟了有机食品专区，喜互惠还创立了“百分百天然”的Open Nature品牌。过去几十年，种植户向市场直销本地农产品的模式也在美国越来越流行。1994年，全美的农产品直销市场数量为 1775 家；如今数量达到 8600 家，每年销售额超过 15 亿美元。

过去一个世纪，人们转向天然食品、高质量超市和更健康的饮食习惯，这为治愈网络未来提供了一个模板。和 1850 年的食品行业一样，如今的数字经济也有以下特征：不受控制的自由市场、令人上瘾的产品、企业不负责任，这种技术危害我们的思想和心理健康，大部分人却一无所知。食品行业在过去几十年里成功实现转型，这证明在负责的监管、创新、劳动者和消费者选择、公民行动和教育的共同作用下，博斯维克口中的“不可想象”变成了可能。

不过，在我们谈论怎么解决数字革命导致的问题之前，还需要更进一步了解数字革命出了什么问题。你应该还记得，卡尔 · 波拉尼将十九世纪中期的工业经济称为摧毁社会的“黑暗乌托邦”。下一章要说的就是今天的网络经济中存在的同样的乌托邦元素，并会详细解释未来究竟出了什么问题。

第三章　出了什么问题

城镇边缘的黑暗

未来有时会出现在最意想不到的地方。时值仲冬，我身在爱沙尼亚的首都塔林。这个波罗的海小国地处欧洲东北边缘，人均创业公司数量全球第一，网速、电子政务在全球名列前茅——前总统托马斯·亨德里克·伊尔维斯（Toomas Hendrik Ilves）很懂电子技术，他把爱沙尼亚称作E沙尼亚，该国不仅被誉为技术的“领导者”“下一个硅谷”[1]，还被称为“新事物最先出现的地方”。

我在Tehnopol，这是位于城市边上塔林科技园的一个园区，有约四百家初创技术公司在这里办公，离中世纪哥特式的城墙很近，用优步打个车很快就到了。但我来这里不是为了了解最火的爱沙尼亚新企业，而是为了听人说世界末日的事情。我来听杨·塔林（Jaan Tallinn）的演讲，主题为“数字技术带来的生存风险”。塔林创办了爱沙尼亚最成功的两家技术公司——网络通信平台Skype和点对点音乐分享网站Kazaa。他是欧洲最顶尖的技术专家之一，我想知道，他认为在人类二十万年历史长河中什么是对我们这个物种最黑暗的威胁。

塔林在“爱沙尼亚机器学习会议”上演讲，这是一次关于人工智能的非正式会议。窗外，一月份的天气和他的演讲主题一样令人生畏。中午天色还不算暗，但是到了下午三点的样子太阳已经落下了，爱沙尼亚首都的郊区亮起淡黄的灯光。鹅毛大雪从灰色的波罗的海飘向城市，覆盖住偌大的园区；我怀疑，下午天色这么暗，优步司机要是不用苹果手机上的谷歌地图，可能都找不到这座方方正正、没什么特点的建筑。

窗外是黑漆漆的冬季天色。杨·塔林不仅是技术专家，还是集企业家、教育家、投资人、哲学家和公民领袖多个身份于一身的通才。当这位身材矮小、理平头的爱沙尼亚人走上讲台，听众席一片骚动，响起期待的嗡嗡声。他走到两条写着“实现未来”的条幅之间，开始演讲。他身着蓝色牛仔裤，波点T恤，帽衫胸口印着FLEEP.IO。对于观众席中娃娃脸的程序员来说，面无笑容的塔林是他们的成年版。他是他们的未来。

他讲的也是未来——不仅是年轻的爱沙尼亚计算机科学家的未来，也是我们所有人的未来。大多数技术会议上，发言人都在兜售他们对光明前景有什么远见，但塔林讲的绝不是乌托邦。他用英语讲《人工智能控制问题》，描绘的是一个黑暗新世界，在这里产生了自我意识的算法，也就是可以自行思考的电脑代码，可能“除了违反物理定律之外无所不能”。他说，未来我们可能无法再控制自己的创造物。我们创造的技术也许正在发展出自己的思维，以此排斥、剥离、奴役我们。有自我意识的算法将带来的生存威胁是切切实实的，它们也许会成为我们最后一个发明。

他的嗓音略有提高，提醒听众，技术正“渐渐背叛”我们。观众席有人点头。因为这个小小的波罗的海共和国的历史，就是被外国不断干涉的血腥历史，每个爱沙尼亚人都将背信弃义这种邪恶的企图铭记于心。经历过这种背叛也许是他们点头赞同的原因。

我猜想，塔林警告观众技术可能背叛我们，可能也出于更个人的原因。他创立了 Skype 和 Kazaa 这两个点对点网站，让用户可以免费打电话和分享音乐。他暗示的是数字技术也许会回头“反咬”发明它的人。过去五十年里，塔林这样的技术专家创造的去中心化架构到头来可能背叛他们起初的意图。本来是边缘的网络技术，如今却霸占了中心位置；本来要加强民主，现在却在扶植暴政。对于杨 · 塔林这样理想主义的未来设计师而言，这是最严重的背叛。

这样的背叛后果也是最悲惨的。塔林这样形容这个悲剧：“打个比方，就像是当父母的眼看着自己的孩子死去一样。”

在他的讲话结束，并且观众离席之后，他跟我会面了。我们单独在 Tehnopol 的大厅里面对面坐下，窗外雪还没有停，继续纷纷扬扬落在城市里。万籁俱寂，就连清洁人员都回家了。

我对面坐着塔林的塔林。这里是欧洲边缘，城市边缘一片黑暗。

他人很疲劳，因为时差的关系眼圈发红，头一天才从东京回到爱沙尼亚，第二天早上又要飞往纽约。“我有时候开玩笑说，要是十年内世界被人工智能毁灭了，罪魁祸首很可能是我认识的某个人。”他跟我这么说，却没有笑。

他绝不是害怕世界被人工智能接管的唯一一人，一位顶尖的美国人工智能专家形容人工智能接管世界是“人类历史上最重大的事件”。世界首富比尔 · 盖茨，世界上最知名的物理学家史蒂芬 · 霍金，硅谷最先锋的企业家埃隆 · 马斯克，剑桥大学宇宙学家、《最后一世纪：人类能活过二十一世纪吗？》（*Our Final Century: Will the Human Race Survive the Twenty-First Century?*）一书作者马丁 · 里斯（Martin Rees）（里斯勋爵），都和塔林一样担心末日景象的出现。他们不仅一致认为这会成为人类历史上最重大的事件，还担忧这会是人类历史上最后的事件。事实上这种忧虑成真的可能性很高，因此塔林和马丁·里斯，以及另一位知名剑桥学者，执伯兰特·罗素哲学教授头衔的休·普莱斯（Huw Price）一起，创立了名为“生存风险研究中心”（Centre for the Study of Existential Risk）的剑桥研究机构。

但是十年？我露出痛苦表情。我们只剩这点时间了吗？我问道。

他回答，可能不止十年，但五十年内发生是很可能的，里斯勋爵认为文明也许撑不过二十一世纪，塔林的观点和里斯勋爵不谋而合。

“我们也许不能继续做这个星球的主人了”，塔林告诫道，他一脸愁容并噘起嘴唇。他告诉我，人工智能真的可能“终结”人类。

怀念未来

塔林预言智能技术可能在五十年内摧毁人类，这种末日景象当然是最坏的设想，更适合写成好莱坞电影剧本，而不适合像本书这样的非虚构分析作品。的确，面对日益壮大的智能技术，塔林和其他知名技术人士担忧人类的长久命运也许并没有错。不过，斯坦福大学人工智能教授吴恩达（Andrew Ng）曾辛辣地说过，当下担心机器杀人，就像还没到过火星上就担心火星的人口过剩和污染问题一样，是杞人忧天。[2] 非也，今天笼罩在我们头上的阴云不是人类被智能机器奴役这样的科幻故事，而是我们很熟悉、很实际的问题。

这个问题就是波拉尼说的“黑暗乌托邦”——一个自我调节、既不受政府法规也不受公民意志控制的自由市场。十九世纪中期工业经济中存在的巨大不平等、不公正、众多人口成瘾问题会再次出现。这是昨日卷土重来，面对波拉尼说的泛滥的“乌托邦式市场经济”，监管者、消费者、教育者、公民意愿，都相形见绌。

有人会说，相比数字革命的阵痛，十九世纪中期的危机——“烈酒传染病”“撒旦的磨坊”里随处可见的童工、纽约街道上横流的血水——更符合反乌托邦的特点。但是，正如我们一想到十九世纪的剥削和成瘾泛滥就感到可耻和恐怖一样，到二十二世纪初，我们的曾孙辈回头看我们这个时代的时候，也会同样感到困惑和厌恶。

我们又回到了那个年代，成瘾严重、剥削赤裸裸地存在、缺少追责、不负责任和不平等现象随处可见。今天，在一个几乎不受监管的市场，因为网络的影响，出现了权力和财力惊人的技术公司，牛津大学历史学家提摩西·加顿·艾什（Timothy Garton Ash）称之为“私营超级大公司”。[3] 今天，我们所有人都活在监控经济的大数据聚光灯下，一举一动无时无刻不被这些巨怪企业尽收眼底。今天我们又回到了波拉尼说的两个国度，美国技术界最富有的九位亿万富翁财富加起来超过了世界上最穷的 18 亿人。如今，数字媒体上充斥着暴力内容，数以百万计的观众在线观看色情复仇、直播斩首、自杀，好像这样做很正常。今天，我们沉溺于网络设备，导致注意力平均只有八秒钟，比金鱼还短。[4]

因此，塔林在 Tehnopol 的演讲主题——背叛，可谓切中要害。数字化技术确实已经开始背叛我们，不过当然不是有意识的。阿达·洛芙莱斯在一百五十年前说过，技术很可能永远也不会有自主意识。但是，互联网革命本该给我们赋权，如今却日益奴役我们。网络架构原本是去中心化的，如今却越来越集中。网络创造出来是为了加强民主，如今却导致许多心怀恶意的人在网上用语言暴力伤人，其他各种反民主的现象也愈演愈烈。

“互联网已经失灵了。”推特创始人埃文·威廉姆斯（Evan Williams）和维基百科创始人吉米·威尔士（Jimmy Wales）这样的数字时代先驱说。[5]越来越多的技术专家开始像威廉姆斯和威尔士一样认识到，今天的网络剧变正把我们变成自己故事里的配角。这些批评者说，互联网也许曾被称作“人民的平台”，[6]而事实上却存在人的问题。杰伦·拉尼尔（Jaron Lanier）是虚拟现实的发明人，也是硅谷最锐利的思想者，他甚至承认怀念上世纪的美好，那时技术的确是以人为先的。

“我怀念未来。”拉尼尔坦白道。[7]

他远不是唯一这么想的人。即使是万维网的发明人蒂姆·博纳斯－李，对于1989年他想象的那个开放、去中心化的未来设想，也感到怀念。因此，博纳斯－李出席了2016年在旧金山举办的“去中心网络峰会”。峰会在位于旧金山内列治文区、靠近金门大桥的互联网档案馆（Internet Archive）总部举办。互联网档案馆是世界上最大的非营利数字图书馆。出席峰会的互联网奠基人除了博纳斯－李，还有温特·瑟夫（Vint Cerf），后者发明的TCP/IP协议为全球在线通信制定了至关重要的“通用规则手册”[8]，让网络通信可以顺畅运转。和蓝庭资本在柏林举办的“加密与去中心化”会议一样，这次峰会本着相同的主旨召开。博纳斯－李在峰会上情绪激昂地讲起互联网的现状，特别是目前存在大型数字垄断企业，它们的网络监控无孔不入。这次峰会中其他许多顶尖技术专家都对当前网络感到幻灭，并呼吁回到网络最初的共享理想。

“我们起初想从互联网那里得到三样东西——可靠、隐私和乐趣。”峰会主办方、互联网档案馆创始人布鲁斯特·凯尔（Brewster Kahle）

告诉我，当时我在他的办公室拜访。办公室位于一所已经关闭的基督教科学派的教堂里，有一股霉味。他承认，我们的确得到了乐趣，但是其他两个方面——隐私和可靠，却没有实现。对凯尔来说，隐私是一个非常重要的话题。他提醒我，是斯诺登揭露了这个秘密：英国安全机构监视着每一个登录维基解密（WikiLeaks）网站的人，并把美国访客的名字发给美国国家安全局（National Security Agency，简称 NSA）。

凯尔和瑟夫、博纳斯－李一起，首批入选了互联网名人堂。他告诉我，网络监控的程度完全无法无天："太吓人了。每次你点个链接都要担心安全问题，事情本不该是这样的。"

部分问题出在硅谷的主流商业模式——将用户数据占为己有，用作商业用途——有重大缺陷。脸谱网、谷歌、YouTube、Instagram、Snapchat、WhatsApp，还有大部分其他互联网大企业，产品不收费用，赚钱靠的是在产品平台上出售越来越私人化和智能的广告。例如，2016 年，谷歌的年度营收为 894.6 亿美元，其中 793.8 亿美元都是广告收入。所以，凯尔所说的"无法无天的在线监控"在硅谷稀松平常。美国顶尖计算机安全专家布鲁斯·施奈尔（Bruce Schneier）总结道："互联网的主要商业模式是建立在大规模监控之上的。"[9]

数据经济的规模大到难以想象。每一天，世界上 35 亿互联网用户都会产生 10^{18} 字节的数据。2016 年每天每分钟，全世界用户进行了 240 万次谷歌搜索，观看 278 万个视频，登录脸谱网 701389 次，在 Instagram 发布内容 36194 次，用 WhatsApp 发送信息 280 万条。[10] 所有这些个人数据在网络时代变成了最有价值的商品，网络经济的"新石油"[11]。从欧洲的从政者，到硅谷的风投资本家，再到 IBM 的首席执行官，每个人都这么看待这些数据。对大技术公司来说，这些数据就像是神赐的财富。

博纳斯－李和凯尔一样，对近年的数字发展感到失望。“互联网设计的初衷是去中心化，所有人都可以参与”，博纳斯－李面对峰会观众说，他参与设计的数字架构原本目的即是如此。但是他说，“个人数据被锁起来”放在“筒仓”里，也就是集中到了谷歌、亚马逊、脸谱网和领英这样的大型数据公司手里。[12] 因此，他提醒道：“问题就在于搜索引擎、社交网络、微博客网站推特，它们都是一家独大。”

“我们没有技术问题，”对自己无意之中参与打造的这个新操作系统，博纳斯－李这样总结道，“我们有社会问题。”[13]

但这不只是社会问题。跟十九世纪工业革命对生活的影响一样，今天的数字革命也关系到文明问题，它正破坏着我们的政治、经济、文化和社会。《金融时报》的拉娜·弗鲁哈尔（Rana Foroohar）警告：“硅谷的大公司欣欣向荣，其他所有人却落后了。”[14] 波拉尼的乌托邦式市场经济以数字形式再现。一切再次完全错位了。并且，这个问题还是只有监管者、教育者、创新者、消费者和公民共同努力才能解决。

私有超级大公司：末日四骑士

2015 年，我出版了第三本书《互联网不是答案》（*The Internet Is Not the Answer*），[15] 讲的是网络时代权利和财富的分配不均。我主张，今天的数字革命悲剧在于诺伯特·维纳、蒂姆·博纳斯－李、布鲁斯特·凯尔和吉米·威尔士这些数字时代先驱者的理想——民主、平等、启迪、自由、普遍、透明、责任，还有公共空间——至少到目前还没能实现。网络革命带来的不是博纳斯－李理想中的公共万维网，而是被加顿 · 艾什所说的硅谷私有超级大企业侵占的万维网。

我认为，数字技术也许确实正在背叛发明它的人。我要警告的是，数字革命本意是建设去中心化、人人平等、开明的数字联合体，如今却变得集中、不平等、怪异，令人忧虑。我认为，数字时代迅速变成乌托邦式的市场经济，正在形成“赢家通吃的网络”，[16]而我们，也就是人民，全都是其中的输家。

就拿数字革命对地图测绘行业的影响来说吧。你应该还记得，本书的目标是为未来绘制一幅以人为中心的地图。但是，新经济中赢家通吃这个特性决定了今天的地图测绘业以金钱而非人为中心。伦敦大学文艺复兴研究教授、广受赞誉的地图历史学家杰里 · 布罗顿（Jerry Brotton）解释说：“我们正处在新地形的边缘。”他警告说，新的数字地图测绘业“前所未有地只追求一个目标：垄断可量化的信息，积累利润”。[17]而推动测绘行业这样做的公司就是谷歌，2016 年 5 月，谷歌宣布，将在移动地图产品中新增基于地址投放广告的功能，这样追踪我们的位置数据就更有价值了。[18]

布罗顿认为，谷歌的这一举动尤其令人担忧，因为硅谷这家大数据公司不会“公布代码的具体细节”。目前，世界上 86% 的智能手机用户用的都是谷歌旗下的安卓操作系统。[19]地图测绘这门行业源于两千多年前亚历山大文化时期的埃及，以托勒密的《地理学》为始，在地理大发现时代趋于成熟。对于谷歌的做法，布罗顿评价道：“有史以来第一次，我们竟然要通过非公开、不自由的信息看世界。”[20]这个新世界的地理知识将是私有的——其实就是被垄断的，用硅谷委婉的词来说叫作“有围墙的花园”——由大型数据“筒仓”拥有和运营。地理知识本是公域，却正在变成专有的算法；这种新的地理学形式，将使我们同时被排斥在外和被记录行踪。地理正处在完全私有化的危险之中。的确，我们终将消亡。

再看看过去二十五年间媒体和娱乐行业的剧变，这是最先受到数字革命剧烈冲击的行业。乔纳森·塔普林（Jonathan Taplin）担任电影制作人和音乐承办人多年，认为“有天分的创作人”和脸谱网、YouTube或谷歌这样的“垄断平台”之间出现了财富的“大幅再分配”。塔普林曾是鲍勃·迪伦早年巡演的经理，为马丁·斯科塞斯、维姆·文德斯（Wim Wenders）和加斯·范·桑特（Gus Van Sant）担任电影制片。他说，2014年到2015年，每年约有500亿美元从传统创作产业流到了硅谷新的垄断者手里。[21]和传统的娱乐公司不同，YouTube这样的企业不会积极地投资艺人、制作内容或出售文化产品，只是提供平台让人们上网收听免费内容。拿音乐来说，YouTube赚钱几乎全是靠出售广告而不是靠栽培艺人，它付给艺术家和唱片公司的钱少得可怜，每首歌播放一次收入还不到0.1美分。[22]可以说YouTube是食利阶层——像是莫尔在《乌托邦》里用滑稽的手法描写的不事生产的十六世纪英国地主。YouTube作为在线娱乐行业的赢家，垄断地位日益稳固，以此坐收暴利。

此外，数字革命对出版业也带来重大冲击，以此推断，政治也受影响。哥伦比亚大学新闻学院数字新闻中心（Tow Center for Digital Journalism）主任艾米丽·贝尔（Emily Bell）说：“我们的新闻生态系统在过去五年里的剧变程度，也许超过了过去五百年任何阶段。”[23]她警告说，数字技术事实上已经把出版业的未来放到了“少数人手里，他们现在掌握着许多人的命运”。[24]社交媒体已经和“末日四骑士”谷歌、脸谱网、苹果和亚马逊一起“吞噬了新闻”，为了争夺我们的注意力这些公司陷入了一场“旷日持久的惨烈战争”。要是听到贝尔用这个具有中世纪意味的象征词称呼四家公司，鹿特丹的伊拉斯谟没准儿会笑起来。这样，这些私有的“超级大国”已经成了我们“新的言论统治者”，僭越政府的传统智能，决定什么能发布什么不能发布。[25]与此同时，在线出版商，也就是实际创造内容，创造经济利益的企业，却深陷危机。2016年第一季度，所有在线广告营收的85%都归了两家博纳斯－李所说的中心化数据“筒仓”：脸谱网和谷歌。[26]

媒体被垄断不仅仅是出版业的问题。今天，脸谱网已经成了我们看世界新的头版，我们的各种偏好都有网络软件来满足。这个软件的拥有者是一家市值3500亿美元的数据公司，它拒不承认自己是媒体公司，因为一旦承认，就必须雇用大量员工来管理内容。如果脸谱网承认自己是媒体公司，就要对出现在网络上的广告负法律责任。因此，我们在社交媒体上看到的、读到的，就是我们想看想读的。难怪很多人觉得网上的一切都非读不可。这种回音室效应，也就是过滤泡泡，[27]造成了一个镜厅般的“后真相”媒体环境，被假新闻和其他形式的在线政治宣传主宰。于是我们不安地看到，特朗普成功当选，英国脱欧，非传统右翼崛起；我们看到，普京的“巨魔工厂”操纵网络舆论，“伊斯兰国”（ISIS）通过网络招兵买马，种族主义者、厌女者、霸凌者在网络上播种仇恨和暴力种子，而且几乎全是通过匿名的方式。

“2017年爱德曼信任度调查报告”反映了全球信任崩溃和回音室媒体兴起之间的联系，极为令人忧虑。爱德曼报告的调查对象称，他们偏好搜索引擎（59%）而非人类编辑（41%），调查报告还发现，如果某条网络信息的立场与他们不一致，那么他们无视这条信息的概率要高出近四倍。理查德·爱德曼警告说：“对媒体缺乏信任，导致了假新闻泛滥、政客直接对民众发表言论。”[28]

我在 2007 年出版的书《网民的狂欢：关于互联网弊端的反思》中预言过，这种所谓的媒体“民主”的最终受害者是真相本身。在没有把关人、事实核查员和编辑去核实报纸文章或者电视新闻真实性的情况下，你看的假新闻和我看的假新闻都是“真相”。

美国现在甚至有一位民选总统——每个学童都知道美国总统是世界上最有权力的人（这是除了莫斯科外每个人都认同的几样“事实”之一）——凭借这种有毒的假新闻文化上台，又不断加强这种文化。他说得很清楚，自己真正的敌人是还没倒掉的客观、专业的媒体。甚至硅谷一些最有权力的人也终于开始意识到这个问题的严重性。苹果公司的商业模式与谷歌和脸谱网不同，不靠出卖用户数据营利。苹果首席执行官蒂姆 · 库克称“假新闻正在杀死人们的思想”。[29] 他相信解决这个问题需要公共行动，他说和让公众意识到环境危机的活动一样，假新闻问题也需要齐心协力的公共行动，才能让人们意识到其危害。

杀死人们思想的不只是网络假新闻。正如二十世纪中期工业生产出的许多食品令人上瘾，今天太多数码产品设计的目的也是让我们沉溺其中。硅谷“营销专家”甚至写了书名诱人的畅销书，比如《上瘾①》，这些书可以说是操作手册，手把手教你设计出让用户上瘾的产品。[30]

安德鲁 · 沙利文（Andrew Sullivan）是一位有名的成瘾者，他是个英裔美国博主，爱辩论，“很早就采取”了“活在网上”这种生活方式。[31] 他承认，自己曾经为了戒网瘾去过马萨诸塞州一个冥想静修中心。说到网络成瘾的后果，沙利文坦白说，“我曾经过得像人类”。

①该书英文名 Hooked 意为被钩住。

纽约大学心理学家亚当·阿尔特（Adam Alter）说，有数百万人像沙利文一样，对智能手机和电子邮件存在“行为成瘾”。

“二十世纪六十年代，我们只有几种令人成瘾的事物：香烟、酒精，还有既不便宜又不易买到的毒品，”阿尔特说，“到了21世纪第二个十年，诱人成瘾的东西却到处都是。有脸谱网、Instagram、色情片、电子邮件、网络购物，等等。这个单子可以列一长串，多到人类历史上前所未见，而我们才刚刚开始领教它们的威力。”[32]

库克呼吁对假新闻采取公共行动，跟他一样，硅谷其他的技术专家也呼吁对数字成瘾物采取类似应对措施，旧金山儿科内分泌专家罗伯特·卢斯蒂格（Robert Lustig）说它们“入侵美国人大脑”。《金融时报》的伊莎贝拉·卡明斯卡（Izabella Kaminska）说，这种入侵正在直接破坏我们的幸福感。“虽然各种技术把我们连接在一起，而且大部分技术说起来本该让我们的生活更轻松、更好，”卡明斯卡警告数字成瘾的影响说，“人们却从未像现在这样抑郁。”[33]

谷歌前“设计伦理学家”特里斯坦·哈里斯（Tristan Harris）提出了一个极端主张，认为软件开发者应该签署类似希波克拉底誓言的行为守则，保证开发产品时用尊重的态度对待用户。哈里斯是非营利组织“好好利用时间”（Time Well Spent）的创始人，被《大西洋月刊》称为“最能称得上硅谷良心”的人。他相信，应该制定“新评级、新准则、新设计标准、新认证标准”，确保产品不会导致成瘾。[34]我代表TechCrunch电视节目采访哈里斯的时候，他告诉我，当今网络时代占主导的三大数字平台——苹果、谷歌和脸谱网，明确就是吸引我们注意力的。

“我们都生活在注意力经济这个城市里”，哈里斯说，他引用了

简 · 雅各布斯（Jane Jacobs）的话，言下之意是软件开发者面对的挑战和城市规划者一样。他说，如果要让这座二十一世纪的城市宜居，这些平台的所有者就要为产品对用户造成的影响负起责任来。

互联网能拯救世界吗？

我在《互联网不是答案》中提出，数字革命加上赢家通吃经济的网络效应，已经把权力集中到了大技术企业手里，权力集中的规模和程度远超大银行、大石油公司或大制药公司。我在书中提出，比起脸谱网吞噬新闻业的小餐，权力集中带来的这顿筵席可丰盛太多了。谷歌和脸谱网等企业曾被古怪地称为“互联网”企业，如今它们正迅速成为人工智能公司、自动驾驶汽车公司、虚拟现实公司。“软件正在一口口吃掉世界”，马克 · 安德里森（Marc Andreessen）这样形容网络技术捕食所有事物、所有人的现象。1994 年，安德里森创立了第一家互联网浏览器公司网景，成为硅谷最早发家的年轻人。硅谷不只是新华尔街，它比老华尔街更富有、更强大，奥巴马的八年任期内，硅谷在华盛顿花在游说上的钱是金融业的两倍。[35]

的确，我们过去曾见过这一幕。乌托邦式的市场经济再次浮现，带来贫富剧烈分化，这在历史上多次出现：托马斯 · 莫尔笔下，十六世纪英国乡村的圈地运动导致羊“吃”人；十九世纪的纽约，贫民居住的工业区环境拥挤不堪。但现在的数字更令人心惊：财富 500 强名单中最有价值的五家公司，即末日四骑士加上微软，都是美国西海岸的技术公司。《纽约时报》技术版作者法哈德 · 曼约奥（Farhad Manjoo）把这五家赢家通吃的技术公司统称为“可怖五大”，五家公司员工数量加起来达到五十万出头，总市值约 23000 亿美元。如果把这五家公司算作一个国家，会是世界上第七大经济体，GDP 规模超过印度几千亿美元，而印度人口超过 12 亿人。[36]

这些公司的创始人的个人财富也同样惊人。硅谷最富有的九位技术亿万富翁，财富加起来超过世界上最贫困的 18 亿人，即最贫困的四分之一人口拥有的财富之和。“每十人里，就有一人每天靠不到两美元糊口，而这么多财富集中在几个人的手里，真是骇人听闻”，乐施会①(Oxfam) 的执行董事指出，硅谷有几位企业家和世界上其他人之间的差距之大，到了超现实的程度。[37] 巨大的贫富差距在硅谷当地就可以看到：帕洛阿尔托是斯坦福大学所在地，也是硅谷的中心；而就在贫困的邻镇东帕洛阿尔托，有三分之一的学龄儿童无家可归。[38]

这个问题可以部分归结于智能技术的经济回报并没有惠及大企业之外的人。硅谷的资本充裕，这甚至可能使其他地方的资本稀缺问题更严重了。人的问题也许正在恶化。哥伦比亚大学经济学家杰弗里·萨克斯 (Jeffrey Sachs) 分析贫富分化问题说：“国民收入分配状况正在改变，这跟智能机器有关。”萨克斯担忧，改进技术的技术也许“让人们过得更差了”。他向我解释说，“机器会取代人的工作更会降低人的生活质量，这种想法是真的”。真正令经济学家担心的是，财富在新的分配方式下，从劳动力流向了资本。他坚称，“有这种不祥的预感当然不是卢德主义”。

萨克斯说，同样的辩论已经持续了两百年。从詹姆斯·瓦特发明蒸汽机以来，纺织业实现机械化，铁路兴起，二者共同推动了第一次工业文明。萨克斯说，两百年来，我们一直在争论日益强大的机器是

①一家非政府国际发展和援助组织。

否会奴役或支配人类。但是，他坚持说，当下智能机器对就业的冲击“正变得紧迫”。他担心的是历史正在重演：像工业革命初期一样，技术也许做大了经济蛋糕，却没能让“所有人分享新的繁荣”。[39]

除了一直以来支持技术发展的政界人士，硅谷的显要人物也愈加担心萨克斯谈及的问题。加州现任副州长加文·纽索姆（Gavin Newsom）甚至极端地表示，硅谷技术专家的职责是“行使”他们的“道德权威”，解决收入不平等和失业问题。他说，这些问题是正在迅速临近的“红色警报、消防水龙、海啸”。2017 年，纽索姆在加州大学伯克利分校慷慨激昂地对计算机科学系的毕业生讲了摩尔定律：“世界的运作方式正在发生根本的改变，你们的职责就是行使自己的道德权威。你们要做的事情没有从网上下载东西那么简单。”[40]

世界银行研究成果《2016 年世界发展报告：数字红利》（*World Development Report 2016：Digital Dividends*）也表明，数字革命也许正在加深不平等，令中产阶级的工作空洞化。报告显示，数字革命本应带来“增长更快、岗位更多、公共服务提高”的红利，事实上却“没有达到预期”效果。[41]这项研究项目由爱沙尼亚当时的总统伊尔维斯和世界银行首席经济学家考什克·巴苏（Kaushik Basu）共同主持，研究发现世界上有个“被墙围起来的花园”——世界上 60% 的人口完全被排除在数字经济之外。报告的作者警告，快速的技术扩张“一直以来都向世界上富有、有技术、有影响的人倾斜，他们更懂得怎么利用新技术”。[42]这使得网络上赢家通吃，数字世界分裂为两个世界的现象更明显了。

“互联网能拯救世界吗？”针对 2016 年世界银行的报告，《纽约时报》一篇头条文章提问。[43]

而答案，至少在目前，是不能。

但是，互联网——纽索姆称之为二十一世纪新操作系统的“管路系统”——怎样真正拯救世界？

我在本章开头说过，未来有时反而降临在最意想不到的地方。这个欧洲国家鼓励自由市场的创新，同时对监管、教育进行创新改革，通过二者集合，正在开创一个更好的数字社会，目的是把人放回数字地图的中心。这个国家就是波罗的海小国爱沙尼亚，或者用其前总统、数字达人伊尔维斯的话来说，叫 E 沙尼亚。

我们先回爱沙尼亚，到这个新事物最先出现的地方看看去。

第四章　乌托邦：案例研究（上）

云中国度

幸运的是，并非每个爱沙尼亚人都像杨·塔林一样悲观。事实上，我听完他讲世界末日的第二天，就在塔林花了一天拜访几位了不起的政策制定者，他们正在快乐地改造这个小小的波罗的海共和国，让它从落后的苏联殖民地变成下一个硅谷。

在爱沙尼亚首都找路很容易——如果你有地图，或者大概记得路上的地形，就很简单。虽然我们智能手机上有 Waze、谷歌地图和其他靠全球卫星定位系统定位的应用程序，但是要从一个地方到另一个地方，还是得坐火车、打车或者步行，才能让身体抵达终点。技术还造不出超智能的远距离即时传输机器——即使是在高科技国度爱沙尼亚也不行。一位全球旅行家提醒我们，地理仍然很重要。[1] 而另一位知名地理学家说，“地理学第一定律”就是“每样事物都与世间万物相关”。[2]

历史上，地理对爱沙尼亚的重要性超过了所有国家。这个国家的厄运体现在和俄罗斯接壤，又和丹麦、瑞典、德国共同濒临波罗的海——过去五百年里，这些地区强国全都和这个小共和国关系密切过度了。虽然地理位置不佳，或者说，正因为地理位置不佳，这片面积只有 28000 平方英里的土地，今天才和韩国、以色列、新加坡和斯堪的纳维亚邻国一起，成为地球上接入网络程度最高、最有创新能力的国家。爱沙尼亚政府和人民正在尝试建立理想的信息社会，找到在网络空间开展良好生活的道路。

爱沙尼亚的确是一个电子社会，从电子居民项目，到学校十分看重互联网，再到观念里把政府看作服务机构，爱沙尼亚的电子政府让网络空间变成公民空间。“爱沙尼亚人拥抱数字生活”，《纽约时报》告诉我们，这个社会，“首先是通过网络生活的”。[3]BBC说，爱沙尼亚是“世界上互联网依赖程度最高的国家之一”。[4]《大西洋月刊》说：“爱沙尼亚有世界上最懂技术的政府。”[5]

不，地理并不总是等于命运——至少爱沙尼亚不是这样。加拿大新媒体专家道格拉斯·库普兰（Douglas Coupland）表示，在当今的网络经济里，“你的品牌就是你的边界”。但是爱沙尼亚了不起的成就在于建立了一个数字品牌，它远远超出了地理上的国界。这是因为“我们管理着云中国度”，我去拜访爱沙尼亚首席技术官员塔维·柯特卡（Taavi Kotka）时，他这样说。他的小办公室就在塔林市政广场边上，这是旧城的核心，保留了十一世纪的哥特式原貌。

爱沙尼亚是世界上第一个发放“电子居住证”，即电子护照的国家，任何持有电子居民身份的小企业家，都有权使用合法的爱沙尼亚在线法律或会计服务及数字技术。数个世纪以来，人们生在哪里，就是哪国公民，爱沙尼亚甚至正在尝试打破这个惯例。电子居民项目只要把申请人指纹、生物特征识别和私钥信息写入芯片，就可以通过网络发放居住证。

该项目的主任卡斯帕尔·柯哲斯（Kaspar Korjus）今年二十八岁，他告诉我，项目的目标是到2025年吸收1000万“电子爱沙尼亚”

居民——这是爱沙尼亚现有的130万人口的八倍。柯哲斯想要为全世界的生意人创建“信任经济”。电子居民项目与暗网的现状形成了鲜明的对比——暗网这个数字地狱里充斥着毒贩子、军火商、恋童癖，还有各种其他罪犯。柯哲斯说：“我们想成为数字世界的瑞士。”而爱沙尼亚首席技术官塔维·柯特卡的目标更远大：我们正在成为电影《黑客帝国》里的“母体”，他板着脸告诉我。

在爱沙尼亚机场里，商店里的一件T恤上印着：来爱沙尼亚吧，别等到爱沙尼亚来到你跟前。

爱沙尼亚政府的说法则比较谨慎，对于这个大胆的电子居民项目，他们的说法是，“一步步打造没有国境的国家”。柯特卡说，这是个“外包政府”的例子。由于气候恶劣，地理位置不便，爱沙尼亚一直很难吸引人们来这里居住。因此，电子居民项目开创了新的全球公民身份平台。爱沙尼亚不仅把政府放到了云里，还打算建立一个云中国度——在这个二十一世纪的社区中，人们分布在各处，不是靠地理环境，而是靠网络服务相连。这就是柯特卡说的母体——一个位于无限网络空间里的国家。

因此，像我这样爱好创新的人纷纷来到这个没有国境的国家，这个新事物首先出现的地方，也就不足为奇了。希拉里·克林顿担任国务卿时，亚历克·罗斯（Alec Ross）曾在她团队里任数字专家。他密切关注着爱沙尼亚的创新。他把这个波罗的海国家称为“或能成大器的小国”。罗斯保证说，爱沙尼亚“几乎整体都是电子经济”，是一个代表未来的国家，数字创新极其丰富，因此这里的初创企业“令硅谷眼红”，[6]杨·塔林的Skype和Kazaa就是典型的例子。罗斯把爱沙尼亚和白俄罗斯放在一起对比，后者离爱沙尼亚不远，同为“地理的囚徒”，却仍然停留在狭隘的计划经济时代，经济发展完全停滞。罗斯总结道：“爱沙尼亚开放了国界，白俄罗斯却关闭了大门。”[7]

地理第一定律也许可以说是每样事物都与世间万物相关，但 2017 年的爱沙尼亚第一定律是几乎每样事物和每个人都与互联网相连。爱沙尼亚有 130 万公民，91.4% 使用网络；87.9% 的住户有电脑；86.7% 的爱沙尼亚人有宽带；88.4% 的人经常上网。[8] 而在邻国拉脱维亚，只有 76% 的人使用网络；在曾殖民统治爱沙尼亚的俄罗斯，这一比例只有 71%。但当时的总统伊尔维斯在世界银行报告中警告，光靠联网不足以带来彻底的改变。他坚持认为，要建立一个真正的网络社会，一国需要监管、立法、创新和教育多方面的结合。

“爱沙尼亚的经验显示，仅靠接入互联网不足以实现数字发展的好处，因为大部分的工作要从政府治理、立法和教育入手。”在 2016 年世界银行报告发布大会上，伊尔维斯这样告诉华盛顿的听众。[9]

伊尔维斯解释道，在提高爱沙尼亚人民技能上，教育系统发挥了特别重要的作用。教育是 E 沙尼亚革命的第一步。二十世纪末，一家有政府背景的投资基金出资把所有学校联网，并且从七岁开始教孩子们编程。一位软件工程师告诉我，现在的学校十分重视编程技能：“编程能力就像读写能力一样。”

爱沙尼亚正在改革教育系统，让人们变成更负责任的公民。教育部电子服务负责人克丽丝托 · 里洛（Kristel Rillo）解释道，爱沙尼亚的学校目前开设“数字能力”必修课。爱沙尼亚甚至正在计划出台一项针对数字能力的全国测试，测试包括网络礼仪在内的五方面内容。里洛告诉我，教育“领先劳动力市场两步”，并补充道，孩子们“在学习如何成为数字公民上，比起中年的劳动者领先了两步”。

信任、信任，还是信任

但爱沙尼亚的数字发展最有意思的措施在课堂之外。爱沙尼亚数字革命的关键是一套身份证系统，该系统把数字身份和信任视作新的社会契约的核心。目前超过95%的爱沙尼亚人持有强制性电子身份证，该系统为每个人提供安全的在线身份，同时也是数字公民平台，提供超过四千项在线服务，包括记录健康和警方记录、交税和投票。

爱沙尼亚信息系统管理局首席设计师，安德雷斯·库特（Andres Kütt）解释，网上身份证系统的目的是摆脱官僚作风，把政府改造为“服务部门”，“重新定义国家的本质”。作为这套新系统的主要设计师之一，库特的目标是将所有人的数据都集成到易操作的单一信息门户里。库特不久前从麻省理工学院毕业，曾在Skype工作。他说，他们想打破官僚主义的“筒仓”，把权力下放给公民，让政府向公民靠近，而不是让公民向政府靠近。

我和库特见面的地方是他的政府办公室，在一条购物街背后一栋旧楼的顶层。库特身着绿毛衣，小个子，胡须一缕缕的，对于正在建设的这个大技术项目，毫不顾忌地表现出霍比特人一样的热情。“旧的模式已失灵了。我们正在改变公民身份的概念”，他向我解释“作为服务部门的政府”是什么意思。“这项技术带来信任，是透明的技术。所有政府部门都可以访问数据，但是公民有权知晓自己的数据是否被访问过。在旧世界，公民离不开政府；在爱沙尼亚，我们要让政府离不开公民。”

有人认为，库特正在设计的这套身份证系统和奥威尔笔下的老大哥刚好相反。在爱沙尼亚，公民有权监控政府的一举一动。尽管政府可以查看公民的数据，但是一旦查看，必须通知公民。库特给我讲了一件发生在他自己身上的事，说明这个系统是怎么回事。有一次他开车去塔林做讲座演示身份证系统，查看自己数据的时候，发现一位警官三十分钟前调出了他的信息。库特继续查看在线记录，发现去塔林的路上一辆无标记警车因为他的号牌不清跟踪了他。警官查看了他的记录，检查了他的驾照之后，做出了不截停的决定。库特提醒我，讲这个故事的意义是为了强调，在这个公民数据库新系统中，政府要对自己的行为负责。他认为，政府不能有秘密进行的任何行为。这个透明度系统目的是保护个人权利，加深公民和政府间的信任。

在爱沙尼亚跟我谈过的每个人——从初创企业家到政策制定者，从技术专家到政府部长——都同意库特的观点，即身份证系统最重要的作用是营造信任。房地产业有个老生常谈的观点，一栋房子最重要的三个特点是：地段、地段，还是地段。同样，爱沙尼亚身份证系统三样最重要的特征是信任、信任，还是信任。“2017 年爱德曼信任度调查报告”用“信任坍塌”形容世界的现状，因此爱沙尼亚的实验对我们所有人都很重要。

爱沙尼亚的安全政策主任默尔 · 梅格（Merle Maigre）向我保证，爱沙尼亚人“信任”他们的政府。该国首席技术官塔维 · 柯特卡解释：“数字社会的一切都依靠信任。”电子居民项目主任卡斯帕尔 · 柯哲斯补充道，爱沙尼亚正在发展“信任经济”。柯哲斯解释说，政府是能为全体人民建立信任机制的唯一可靠的机构。

斯登 · 塔姆基维（Sten Tamkivi）是一位互联网创业者，1996 年他还在上高中的时候就创办了爱沙尼亚第一家数字广告公司，后来卖给了跨国企业恒美广告公司（DDB Worldwide）。他说身份证系统是一套“信任机制”。塔姆基维告诉我，虽然电子身份证是强制的，但是

"你的数据归你自己"。他说，"你可以看到谁看了你的记录"，并且把所有人对我说过的话又重复了一遍：在这个透明的系统中，只有政府才能访问个人数据，而且每次访问时个人都会收到通知。

埃恩·阿维克苏（Ain Aaviksoo）是社会事务部的电子服务与创新副秘书长，他曾参与爱沙尼亚首个医疗门户建设团队。他也认为这个新系统能加深信任。他告诉我："爱沙尼亚人民信任这个系统，因为他们还没看到有滥用情况。这个系统给了人民决定自身隐私的能力，但是他们也要负起责任。"

西姆·西库（Siim Sikkut）是一位毕业于普林斯顿大学的技术专家，目前担任爱沙尼亚总统顾问，他认为这个全国身份系统能够保证你的身份不是编造的。西库解释说，和电子居民项目一样，全国电子身份系统的作用是"确认身份"。能够访问你全部个人数据的，只有你自己。"说到底，如果你不信任政府，"西库反问，"那么你究竟能信任谁？"

事实上，爱沙尼亚人对政府的信任程度高于欧盟平均水平。2014年，民调机构欧洲晴雨表（Eurobarometer）的一份研究发现，51%的爱沙尼亚人信任政府，而欧盟平均值是29%。不过，虽然他们很信任政府，同一份研究却发现仅有13%的爱沙尼亚人信任政治党派。[10] 爱沙尼亚努力把政府打造成在线服务机构，人们对政府和党派的信任程度差异这么大，可以用数字改革很成功来解释。

"爱沙尼亚人民不信任政府，但他们信任电子政府。"林纳尔·维克（Linnar Viik）解释道。他是电子身份证基础设施的设计师之一，也创办了多家技术公司，被媒体称为"爱沙尼亚的互联网先生"。[11]

我请维克解释一下电子身份证系统用什么样的技术保证信任。他说是“用非对称、分布式技术构建的公共基础设施”，包含“带时间戳的数字签名架构”。用简单点儿的语言来说，意思就是信息录入系统后无法被篡改，甚至不通知数据主人就无法查看，因此录入系统的医疗、金融或犯罪记录都保证了可靠性，记录无法被偷偷修改，也无法被窃取。维克把这叫作“还没有区块链时的区块链”。顺带一提，区块链是一种新技术，用它可以建立无法篡改或变更的公共数据库。加拿大未来学家唐（Don）和亚历克斯·塔普斯科特（Alex Tapscott）将区块链技术称为“信任协议”，他们认为这可能是互联网诞生后最重大的技术发展。[12] 所以维克的“还没有区块链时的区块链”这个说法意思是，虽然爱沙尼亚电子身份证系统不含正式的区块链技术，却有相似的功用：借用《经济学人》的说法，它制造了一台“信任机器……一条带来确定性的伟大的技术之链”。[13]

跟所有的新新事物一样，比起其中的技术细节，人们更在意的是它给政治和经济带来的后果。爱沙尼亚政府进入数据领域，可能带来极其重大的潜在影响。维克说，其中一个结果也许是主权政府和硅谷私有超级大公司之间将形成新的角力。

“各国政府正意识到，它们已经把公民的数字身份拱手让给了美国的大公司，如谷歌、脸谱网、亚马逊和苹果，”维克解释说，“它们正逐渐认识到自己有责任保护公民的隐私。”

当然，让这些私有大企业财大气粗的正是个人数据。虽然爱沙尼亚人有了电子身份证，但还是会继续用脸谱网和谷歌，前者的数据库构成了与大公司对立的生态系统——一套让公民而非私企受益的安全的公共系统。

维克和 Betaworks 的首席执行官博斯维克观点一致，他说当今最大的挑战之一就是在数字新世界重新找准政府的位置。他相信，这就是电子身份证系统长期的意义。“政府的责任是保护公民的隐私，”维克这样评价爱沙尼亚政府对个人数据的管理，“这扩展了公共基础设施——是二十一世纪版本的福利国家。”

对于某些读者，特别是像斯诺登一样珍惜隐私的人，这个极端的透明电子身份证系统也许有点反乌托邦的意味。但是，数字革命有一个不可避免的后果，那就是网络上个人数据的大爆炸。不管你喜不喜欢，随着智能家居、智能汽车、智能城市的发展，特别是随着各种智能物件推动物联网发展，将来这些数据只会指数级增长。我们对这一切别无选择；但我们能选择的是，要求获取我们个人数据的政府和企业更透明。这就是为什么维克的尝试这么重要：他想让爱沙尼亚政府的公民信息数据库达到区块链一样透明。这可能并不是理想的解决方案，但是我们生活的世界不是乌托邦，因此爱沙尼亚模式也许是我们能做到的最好模式了。

说到乌托邦，莫尔这本十六世纪的小书里，乌托邦岛按照透明原则组织，和二十一世纪的爱沙尼亚相似，这也许并不让人意外。在《乌托邦》里，“任何地方都没有一样东西是私产”，甚至要是有人想的话，可以随便进别人的屋子四处看。[14] 在乌托邦一切都很公开，甚至有这样的习俗：夫妇结婚之前，要赤身裸体在对方面前亮相，好明明白白地知道自己是跟什么样的人结婚。[15]

莫尔写完乌托邦国王建立这个透明的乌有之地一书五百年后，我们现在有了E托邦。但是跟莫尔十六世纪时幻想的国度不同，我们可以在地图上找到二十一世纪的爱沙尼亚。这里甚至有现实版的乌托邦——精通技术的伊尔维斯，他2006年到2016年任爱沙尼亚总统。

E托邦

总统府位于卡德里奥花园，和我同杨·塔林见面的那栋楼简直是天壤之别。那栋楼在塔林科技园，就是举办“爱沙尼亚机器学习会议”的地方。总统府是一栋二十世纪早期建筑，装饰繁复，位于老城鹅卵石街道附近一个绿树围绕的私人花园内。它的设计仿照了建于十八世纪初的卡德里奥宫，后者是一幢华丽的巴洛克建筑，1710年俄军攻下塔林城，彼得大帝下令为妻子叶卡捷琳娜（卡德里奥在爱沙尼亚语中的意思是“叶卡捷琳娜的山谷”）建造了这座宫殿。

爱沙尼亚两位最著名的技术专家——伊尔维斯和塔林两个人也迥然不同。塔林沉默寡言、身量不高，而这个国家权力最大的立法者伊尔维斯总统身材健壮，嗓音优美到随时可以对媒体发言，说笑逗乐十分自然，举手投足间又满是知识分子派头。他衣着考究，上衣外套款式正式，正装衬衫配领结。塔林十分注意保护隐私，而伊尔维斯在推特上有数以万计的粉丝，他们随时可以知道伊尔维斯的动态，包括他三次高调婚姻的种种细节，还有他几个孩子的信息。

可以说这个没有国界的国家有一个没有国界的总统。我们身处总统府一个正式的餐厅，伊尔维斯坐在餐桌对面跟我讲着他的生平故事。技术是他人生故事的主线。1953年伊尔维斯出生于斯德哥尔摩，他的父母是难民，战后从苏联占领下的爱沙尼亚逃了出来。伊尔维斯在新泽西长大，学业上是个神童，也是个少年电脑极客。他自称从13岁就开始学编程，有一台苹果IIE个人电脑（麦金塔的上一代）。他分别从哥伦比亚大学和宾夕法尼亚大学获得了心理学本科和研究生学位。之后他成为一名电台记者，到慕尼黑的欧洲自由之声电台总部负责爱沙尼亚频道。爱沙尼亚1991年8月独立的时候——他提醒我，那时这个国家还“非常穷”——他问自己：“我们在这里拥有什么？”

“出色的数学技能，”他回答自己，“我们有这个。”伊尔维斯解释，在苏联占领下，小国爱沙尼亚幸运地被选为先进技术的研究开发实验室。因此，和其他被苏联殖民的东欧国家不同，爱沙尼亚的大学并未遭到洗劫，而且这里的人口——包括年轻的技术人才，比如当时 19 岁的塔林——是东欧受教育最好的。因此，伊尔维斯得出结论，爱沙尼亚的未来是“高科技”的。

他告诉我，这个想法很大程度上受到看杰瑞米 · 里夫金（Jeremy Rifkin）的《工作的终结》（*The End of Work*）的启发。[16] 这本影响很大的书预言，后工业时代劳动力将会衰退，但是伊尔维斯把这本书“反过来读”，却得出了反直觉的观点：从工业经济向信息经济的大转型中，爱沙尼亚这样的小国家能够受益。他认为，未来国家的体量仍然重要，但是二十世纪天然有优势的是苏联这样的工业巨人，因为这些国家有大型规模经济和百万计的产业工人；而网络时代偏向的则是爱沙尼亚这样的年轻小国家，这些国家规模小、技能高，能迅速围绕新技术发展。伊尔维斯正确地预言，未来会属于不断升级自身以适应不断变动的时代的灵活的国家。

未来也同样属于像伊尔维斯这样灵活的人。1991 年爱沙尼亚独立后，伊尔维斯成功从电台记者转型，进入爱沙尼亚政界。1993 年，他被任命为爱沙尼亚驻美国大使。1996 年至 1998 年和 1999 年至 2002 年，他担任爱沙尼亚外交部长。2004 年他成为欧洲议会成员。2006 年，他被爱沙尼亚议会选举为该国第四任总统，任期两届，每届五年。

伊尔维斯任公务员的 25 年间，领导爱沙尼亚从被人遗忘的苏联西北省份变成高科技的中心。伊尔维斯是莫尔定律的化身——尽管这个化身比较吵，却十分自信。除了在爱沙尼亚全国建立互联网中心、安装公共无线网络，他还参与推行了学校的计算机化。他组织向Tehnopol园区等基础设施投资，塔林科技园现在有超过四百家初创技术公司。他参与了爱沙尼亚公共记录信息和图书的数字化，万一再次被俄罗斯占领（鉴于爱沙尼亚与复仇主义[①]的俄罗斯关系日渐紧张，这并不是杞人忧天），也能保护好数据安全。伊尔维斯最引以为傲的成就之一是电子居民项目，该项目为非爱沙尼亚人提供数字公民身份。多彩人物伊尔维斯还与世界银行和世界经济论坛等国际组织高调合作，向外界打造小国爱沙尼亚的无国界国家形象。

但是伊尔维斯最重要的遗产是“数字身份与信任”的先驱性工作。

“数字社会里政府的角色，”他向我解释，“是保障身份。”

我记得在老地毯厂活动上斯诺登的讲话。他问柏林的观众：“如果我们的一切都变得透明，不再有任何秘密，这意味着什么？”他的答案是个人自由和自我的真实性将遭到破坏，自由派的萨谬尔·沃伦和路易斯·布兰戴斯也表达过这样的观点。因此，对于斯诺登来说，政府的角色很简单，就是不要管我们在网上做什么，让我们自己管自己的事，不要来打扰我们。对斯诺登这样强调隐私的人来说，伊尔维斯说的“保障身份”这个概念听上去太侵犯隐私了。所以我向伊尔维斯提了斯诺登之问：斯诺登究竟是个泄密英雄，还是个叛徒黑客？

伊尔维斯这个狡猾的政治老狐狸才不会掉进陷阱里正面回答问题。但他告诉我，斯诺登过于执迷不让政府部门侵犯隐私这件事了，他曾是美国安全局承包商，现在流亡在俄罗斯某地。伊尔维斯说，斯诺登

①英语为Revanchist，源自法语名词revanche，意思是复仇。复仇主义指的是政治主张或政策，目的在于收回失去的领土或地位。

揭发了美国国家安全局秘密监听项目之后，留下一个“疑神疑鬼的烂摊子”，虽然在伊尔维斯看来，揭发的大部分内容要么完全是误读，要么不准确。他说，国家安全局的工作不是“给他们的女朋友读‘波西米亚诗人’的电子邮件”，而是用元数据来“查看谁和谁有关系”，他们搜索恐怖分子的这种做法是合法的。

“我们这么执着于隐私是错的，”伊尔维斯强调，他很坚决地在桌子对面对我摇着手指，我都担心他要把领结摇掉了。“真正的问题是数据完整性。”

伊尔维斯并不完全否认隐私的重要性，也不是贬低隐私对于个人自由的重要性。但他说，在互联网世界，所有事、所有人的数据对谷歌来说都触手可得，而政府面对的真正问题是怎么管理真正的数据系统。他的意思是，在数字二十一世纪，一切——包括我们自己——都成了信息，因此没有什么比数据完整性更重要的了，因此政府的职责就是创建安全可靠的信息交换系统。如果说数据确实是网络时代的新货币，那么数据就需要“政府保障”。和货币一样，只有官方验明了数据的真实性，数据才有价值。

“有人知道我的血型，这没什么大不了，”他解释说，“但是他们要是能修改我的血型数据——能让我送命。”

他压低嗓音加了一句：“一旦有人篡改数据，就真的麻烦了。”

比起网络监控，数据污染更让他担心，这也解释了为什么爱沙尼亚为它的第二大脑，即在线身份证系统投入了那么多时间和资源。伊尔维斯提醒我，在这个平台交换数据是完全安全的。正如塔姆基维对我保证的那样，“你的数据归你自己”，但是在爱沙尼亚，只有政府确保数据不受篡改，你的信息才真正归你。因此，政府的服务职能最重要的一项就是保障数据完整性。

伊尔维斯坚持认为，数字二十一世纪政府的职责是保障我们的身份，他把这叫作“洛克契约”，说这是“数字时代的新社会契约”。

洛克契约论原本指的是英美代议制民主背后的政治理念，认为政府和公民之间相互存在一系列义务。我想知道数字时代相应的义务都是什么，问他：“在这个新的社会契约里，我们的责任是什么？如果政府必须保障数据的安全，那么公民反过来又该做什么？”

“这个系统完全透明。”伊尔维斯说。正如系统保证政府诚实做事，系统也保证我们诚实做人。政府可以在必要的情况下查看我们的数据，我们所有人也要为网络上的行为负责。

他表示，爱沙尼亚正在建设信息丰富的民主制度，在这里不可能存在数字匿名。人们做的一切——从在网上交税到买药，从发帖到开车——都要用真名。比如，爱沙尼亚报纸正在将身份证系统和报纸论坛对接，禁止匿名评论。这个新的社会契约让曾经把互联网变成蛮荒之地的网络巨魔再也没法兴风作浪。此外，在数字文化中，传播假新闻、种族主义、性别歧视、恶毒造谣和其他反社会行为十分猖獗，而实名制让人们必须为自己的行为负责。

“我们的目标是让人们做了坏事必须承担后果。我们想教会人们在互联网上举止文明，负责任地上网。”他说话的腔调有点像个小学校长。我想起爱沙尼亚计划推出全国学校数字能力测试，公民责任也许会是考试内容。

当然从某个角度来看，这一切令人不寒而栗——特别是对斯诺登这种把个人隐私看得比什么都重的人来说。我还注意到我们谈话的这栋建筑仿造的是一座十八世纪的宫殿，当时，俄国的彼得大帝征服爱沙尼亚后，为妻子叶卡捷琳娜造了这座宫殿。鉴于爱沙尼亚史上曾被各种“开明”专制君主统治，比如彼得大帝和叶卡捷琳娜大帝（更不要说斯大林了），这个国家的人民对政府控制的危险再熟悉不过了。

而爱沙尼亚的身份证系统能够保障身份，政府和公民对彼此透明。伊尔维斯所说的新社会契约建立在政府和公民都有权力监督对方的基础上。这种监督完全透明，在全面的法律框架下，政府查看数据必须通知公民。亚马逊前首席科学家韦思岸（Andreas Weigend）把当前的时代称为“后隐私”世界，爱沙尼亚的信任体系正是为这个世界而设计的。[17]

摩尔定律

怎么评价爱沙尼亚呢？这个无国界的国家预示着二十一世纪我们的命运吗？

爱沙尼亚也许是新事物最先出现的地方，但下一步其他国家也会接受新事物吗？

也许吧。不过爱沙尼亚模式留给我们三条重要的告诫。第一，要记住爱沙尼亚是因为脱离历史所以例外。和其他年轻国家相比，比如以色列和后面要讲的新加坡，爱沙尼亚之所以有能力改头换面，是因为幸运地摆脱了历史制约。1948 年以色列建国时，没有前人留下的任何制度或传统；1991 年独立后爱沙尼亚发生数字革命，也是因为苏联官僚体制撤走以后，新一代政策制定者和官员——包括欧洲自由之声的记者伊尔维斯，以及普林斯顿大学和麻省理工学院培养出来的企业家和程序员队伍——懂技术，填上了苏联留下的真空。

第二，爱沙尼亚经济并不发达。你应该还记得，伊尔维斯说过，

1991 年 8 月苏联撤走的时候，爱沙尼亚还是一个“非常穷”的国家。直到今天爱沙尼亚相对而言仍不发达，特别是跟美国、德国或新加坡这些先进的后工业经济体相比。该国对政府的信任程度为世界第一，但在其他方面并没有领先世界。像扎克伯格和贝索斯这样的技术巨富，只要想买，就能马上把小小的爱沙尼亚买下来。该国人均 GDP 约 17600 美元，排名世界第四十二位（略高于俄罗斯和土耳其等中等收入国家，但只有新加坡 52900 美元的三分之一），劳动力数量 67.5 万人，平均月工资税后低于一千欧元。所以，有的报道称爱沙尼亚是下一个硅谷，说得客气点儿，是有些夸张了。伊尔维斯对这点也非常清楚。虽然他相信爱沙尼亚服务型政府的实验可以“扩展”到别的国家，但是他承认，这种模式更适合印度这样的“发展中国家”，而不是发达民主国家。

第三个告诫是要分清表象和现实。和我对话的所有政策制定者和立法者，从穿绿毛衣的库特，到互联网先生维克，做派都非常像硅谷人士，他们对自己的看法确信不疑，高度称赞“云中国度”的成功。但是现实不一定有那么值得令人欢欣鼓舞。这场革命还在开展，而很多普通爱沙尼亚人对这些抽象的数字项目并不关心。

尽管如此，爱沙尼亚还是很重要的，因为该国政府正在优先处理“数据完整性”——这个听上去十分一本正经的话题会成为二十一世纪政治讨论的核心问题。爱沙尼亚很重要，还因为它为建设数字政府提供了一个模板，站到了弗拉基米尔 · 普京领导的俄罗斯联邦的对立面。

爱沙尼亚总统从未忘记东边这个幅员辽阔的邻国。伊尔维斯提醒我，1945 年到 1946 年，苏联“残暴占领”了爱沙尼亚，毁掉了一千万本爱沙尼亚语书籍，想要将爱沙尼亚本土文化完全抹掉。如今普京的俄罗斯令伊尔维斯忧心忡忡。比如说，我问他爱沙尼亚的特勤组织有什么职能，他解释道，其“目标”是“追踪俄罗斯间谍”。他承认，俄罗斯入侵爱沙尼亚的直接威胁已经消退，因为“网络攻击已经改变了世界”[18]——他说的是第一次网络世界大战中，俄罗斯黑客的攻击让爱沙尼亚互联网瘫痪——但当然不排除俄罗斯再次入侵的可能性，无论是现实还是网络侵略。他解释道，这就是为什么爱沙尼亚政府正在把所有国内书籍和纸质记录数字化并运出国。他还一脸愁容地笑着说，这就是为什么“我们加入了北约”。

伊尔维斯对当今俄罗斯的敌意并非源自仇外情绪，也不是历史导致的报复心理，而是因为极度反感普京正在打造的新政府模式。他说，这是二十一世纪版本的独裁，源自法国后现代主义者雅克·德里达（Jacques Derrida）和让·鲍德里亚（Jean Baudrillard）的思想，伊尔维斯称之为“后真相”。这一切由普京的私人顾问弗拉季斯拉夫·苏尔科夫（Vladislav Surkov）一手策划，英籍俄裔作家彼得·波梅兰采夫（Peter Pomerantsev）将他称作“普京主义的幕后主使”。[19]俄罗斯政府意图把政治变成精心导演的电视真人秀，充满影射、谣言和恐吓性的不实之词。在很多方面，苏尔科夫的普京主义与史蒂芬·班农（Stephen Bannon）和布莱特巴特新闻网①（Breitbart News）在美国打造的特朗普主义现象不无相似——他们将政治变成了实时的、不间断的误报和造谣大战。这样的消息绝对不可相信，用俄罗斯反对派领导人阿列克谢·纳瓦尔尼（Alexei Navalny）的话来说，是一群“骗子和小偷”上演的闹剧。因为既没有权威人士把关，许多用户又是

①美国极右新闻和评论网站，由德鲁·布莱特巴特（Drew Breitbart）于 2007 年创建。

匿名发言，互联网成为导演各种假新闻的理想平台。

“一旦有人篡改数据，”伊尔维斯提醒过我，“就麻烦了。”

这就是普京主义的本质：篡改数据。波梅兰采夫说，俄罗斯“改造现实，营造出广泛的幻觉，然后幻觉变成政治行动”。[20]改造现实就要篡改事实，特别是数字，除了爱沙尼亚电子身份证系统这种非常严密的安全系统，一切数字太容易操纵，太容易造假，太容易颠倒黑白了。

英国历史学家西蒙·沙马（Simon Schama）曾经发推特说：“对事实和谎言的区别漠不关心是法西斯主义的先决条件。事实消灭的时候，自由也就随之消灭了。”普京政府在网络上做的一切全都不透明，充满伪造、谎言，是扩散的法西斯主义毒瘤。俄罗斯政府正在大力投入，把数字谎言作为执行国内和对外政策的主要手段，就像是数字版的“真理部”。不止如此，俄罗斯政府还在圣彼得堡一处四层办公楼群设立了“巨魔军团”的总部，数以百计甚至是数以千计的博客写手在这里领着普京发的工资，在网上发布各种各样的谎言，主题从希拉里·克林顿到唐纳德·特朗普，再到乌克兰战争。[21]如果有人要揭发这些巨魔的存在，就会遭到网络骚扰，背后有克里姆林宫的支持。《纽约时报》说，克里姆林宫雇了“精英黑客”，并把网络战当成拓展海外利益的“核心政策”。[22]俄罗斯每年花费3亿美元在一千人的黑客“网络军队”上，据《金融时报》报道，这支军队叫ATP28，也叫花哨熊黑客团（Fancy Bears' Hack Team）。他们干扰了2016年美国总统大选。[23]2015年，面对假新闻猛烈的攻势，欧盟成立了东方战略指挥部特别小组（East Stratcom），这个十一人团队的目标是保护欧洲大陆不受假新闻侵害。最近的网络谣言有瑞典政府支持“伊斯兰国”，还有欧盟计划对雪人进行管制。用欧盟的话来说，东方战略指挥部特别小组成立是为了应对“俄罗斯当前的假新闻运动”。成立十六个月以来，这个小组已经标记了 2500 篇不实新闻。[24]

和伊尔维斯见面一年后，我受邀参加圣彼得堡经济论坛，也称为俄罗斯的达沃斯论坛，我在政府数据政策专题讨论上发言。普京的两位最资深的数字政策顾问也在嘉宾之列，专题讨论的主题是“大数据是一种自然资产还是一种商品”。这种热闹的活动常常没什么新意，对话也是陈词滥调，听完就忘。但是如果嘉宾诚实的话，他们就会说出大数据在俄罗斯是第三种性质。在普京的俄罗斯，大数据不是自然资产也不是商品——而是正在变成一种武器，可以不断对敌人发动战争。

所以，伊尔维斯对斯诺登的批评也许是对的——而斯诺登刚好流亡在莫斯科，处于普京的秘密警察保护之下。担忧个人隐私，担心有明确意识形态目的的斯大林式老大哥在看着你——这种奥威尔式的担忧只适合上个世纪，现在已经过时了。现在出现了新的噩梦，克里姆林宫通过篡改数据带来数字眩晕；是从神秘的克林姆林宫深处发起无穷无尽的假信息战争。面对这一切，我们唯一的防御就是“数据完整性”——一个能保障信息可靠的安全透明的系统。

唐和亚历克斯 · 塔普斯科特写了一本讲区块链的书，书中将区块链这种开源公共分类账本技术称为“信任协议”。他们说，这种技术是当今世界“几乎一切的核心——无论好坏”。他们警告，摩尔定律“让骗子和小偷的能力翻倍提升——更不要说垃圾邮件制造者、偷窃身份者、网络诈骗者、传播僵尸病毒者、黑客、网络恶霸、劫持数据者”。在普京的俄罗斯，数字世界中的不法之徒找到了政府提供的安身之处，在这里干着篡改我们各种数据——从血型到其他所有可以用来加害我们的数据——的勾当。在这个加速邪恶的时代，俄罗斯联邦每年以 3

亿美元的预算供养花哨熊上千名精锐黑客，已经成为世界上最大的数字欺骗和混乱的制造中心。

爱沙尼亚显然敌不过普京的神秘军队和他的亲信。但是这个俄罗斯西北角上的共和国能做的，是给世界展示一个透明、公开、公平的政治制度，并和国境以东这个丑恶的谎言制造机形成对照；这个制度将信任放在首位，以数据完整性为基础；最重要的是，这种制度让我们所有人都要为自己在网上的行为负责。

此处有监控

这就是为什么爱沙尼亚重要。我们得以从中一瞥网络空间的良好生活是什么模样。其他发展中国家也在试图跟随爱沙尼亚提供的样本，建设同样的电子身份系统。比如，在印度，莫迪政府建立了名为 Aadhaar 的电子身份系统，建设过程中爱沙尼亚模式发挥了极大的影响。Aadhaar 以生物特征识别和人口统计数据为基础，目标是给全部 12 亿印度人建立电子身份。

Aadhaar 的设计师之一是维拉尔 · 沙（Viral Shah），他是一名技术企业家，在班加罗尔工作，从加州大学圣芭芭拉分校获得计算机科学博士学位。和我在塔林遇到的很多懂技术的聪明的爱沙尼亚年轻人一样，沙也利用自己创办技术公司的经验技术来提高公共部门的创新能力和响应能力。南丹 · 尼勒卡尼（Nandan Nilekani）曾担任印度第二大信息技术服务公司印孚瑟斯技术公司（Infosys Technologies）首席执行官，2009 年，沙和他一起受印度政府委托，以建立低成本数据电子身份系统来“重启印度”，用尼勒卡尼和沙的话来说，这个系统能实现“十亿个抱负”。[25]

“印度人渴望被系统看见。”我和沙到他在班加罗尔的俱乐部见面，这个年轻人告诉我没有 Aadhaar 的印度是什么样子的。“如果我是个低种姓的人，又被警察逮捕的话——那就既没有身份证，也没有任何权利，没有任何为自己辩护的方式。”

他坚称：“所以我们需要的是克服身份这个最大的困难。”

沙看到，在克服这个困难的过程中，印度和爱沙尼亚有诸多相同之处。“政府是印度最受信任的品牌。”他提到两国相似的政治文化时说。

“我很爱印度的一点就是制度能起作用。”沙说，他说政治家和选民之间存在较高程度的信任。他还指出和爱沙尼亚很像的一点：Aadhaar 项目的目的就是“扩大”这种信任。

沙说，印度能从爱沙尼亚这样的欧洲国家学习怎么处理隐私这个“棘手的问题”。他告诉我，印度没有隐私法律，需要在人民和政府之间建立一个“信任平台”。他承认，欧洲在这方面的监管上“远远领先”。沙和伊尔维斯持同样观点，他说需要用“社会契约理论”来重塑数字时代公民和政府的关系。

印度其他的技术专家也和沙一样，对隐私问题感到担忧。记者西达尔特·巴蒂亚（Sidharth Bhatia）在新德里工作，为《连线》杂志供稿，他告诉我他对尼勒卡尼和沙的 Aadhaar 项目持矛盾态度。我们在新德里一家商场喝着茶，他告诉我：“我感到担心，因为政府不受制约。”同在新德里工作的阿文德·古特帕（Arvind Gupta）是执政党印度人民党信息技术小组前主任，他对此观点表示同意。“必须要制定政策解决隐私保护问题，”古特帕告诉我，“如果我们想成为世界上最大的数字化民主国家，这一点就非常重要。”

事实上印度一些对 Aadhaar 的批评者认为，应该以爱沙尼亚的电子身份证系统为样板，改进印度的系统。苏尼尔·亚伯拉罕（Sunil Abraham）是班加罗尔研究机构互联网与社会中心执行主任，他告诉我印度有很多东西要从爱沙尼亚学习。我们在他办公室的花园里吃咖喱鱼，他告诉我爱沙尼亚的系统更好，因为它的基础是互联网技术，而不是生物特征识别。他还说，Aadhaar 需要“去中心化确认基础设施”——类似西库和维克在爱沙尼亚建立的保护公民隐私的类区块链方案。

印度当然不是爱沙尼亚——印度有 12 亿人口，其中仅有 35% 的人上网。但是在数字时代两国都要重塑自己，因此面对的挑战并非没有相似之处——两国都面对信任和隐私的挑战，还要在政府和公民之间建立新的社会契约。维拉尔·沙，这个重启印度实现十亿抱负的企业家，告诉我，治愈未来的过程中，“政府不仅能做好事，也必须做好事”。

如果你开车离开新德里，向泰姬陵所在的阿格拉行驶，会在路上看见一块很大的标志牌，上书“此处有监控”。爱沙尼亚的重要性在于，它为印度这样的国家提供了样板，说明在建设数字公民身份系统的时候也要保护隐私权。

爱沙尼亚是新事物最先出现的地方。当然幸运的是，新事物不仅在这里出现。实际上，地球对面还有一个国家像爱沙尼亚一样，在数字创新上正引领世界。这是一个岛国——与莫尔笔下酷似微笑骷髅的乌托邦相比，并非完全没有相似之处。

第五章　乌托邦：案例研究（下）

智能岛屿

莫尔小书中的虚构人物拉斐尔·希斯拉德向读者介绍乌有之地，他说乌托邦岛形同一弯新月。也许托马斯·莫尔从马六甲海峡群岛得到了乌托邦地理位置的灵感。马六甲海峡处，窄窄一条水道连通太平洋和印度洋两大洋，战略意义重大，十六世纪欧洲各殖民国家都注意到了它在地缘政治上的重要地位。乌托邦的原型甚至可能是马来半岛南端的淡马锡（新加坡古称）这一小片土地。这个岛屿又名狮城，只有乌托邦一半面积，但也同样四面环水。该岛位于中国与印度之间，一千年来一直是商业枢纽，佛教徒、印度教徒和穆斯林不断来往此处进行贸易。

莫尔当时在欧洲北部文艺复兴中扮演中心角色，是律师，又是英国国王的顾问，他的人脉遍及海外，其中一定有人非常熟悉这片土地。1511 年，即莫尔首次出版《乌托邦》五年之前，葡萄牙人征服了包括狮城在内的整个马六甲海峡。一个世纪后，葡萄牙人将这个岛屿上的村镇焚为平地。这个沼泽遍布、蚊虫滋生的岛屿海岸线长为 250 英里，只有几百人居住，大部分都是海盗。之后，这个小岛在 1819 年被英国殖民者斯坦福·莱佛士爵士（Sir Stamford Raffles）占领，他以东印度公司的名义建立了新加坡，新加坡后成为十九世纪大英帝国在战略上极重要的殖民地。

新加坡的故事要从 1965 年说起——这个年份颇有宿命感：这年，英特尔联合创始人戈登·摩尔提出了同名定律。这年，一位毕业于剑桥大学、名为李光耀的律师建立了新加坡共和国。和 1991 年之前的爱沙尼亚一样，1965 年之前的新加坡也是个落后的地方，摆脱殖民后，十分贫困，没有自然资源，没有可沿用的旧制度，没有国际影响力，在区域上也未站稳脚跟。而今天，后殖民时代的新加坡同后苏联时代的爱沙尼亚一样，已经成功改头换面，成了经济和技术创新的典范。

这两个国家地处地球两端，一个在赤道以北约一百英里，一个在南极圈以南五百英里，却存在难以解释的相似之处。和爱沙尼亚一样，新加坡如今是世界上互联网普及程度最高的国家之一，移动电话普及率达到 152%，为全球第一，互联网通过全国光纤网络接入到户，网速高达每秒 10G（与美国平均宽带速度相比快了一百倍）。麦肯锡全球研究院 2016 年发布《数字全球化》报告称，新加坡在货物、服务、金融、人和数据的流入和流出上，占据麦肯锡全球研究院连通性指数榜首。[1]

和爱沙尼亚一样，新加坡在"爱德曼信任度调查报告"结果中也表现优异，2015 年、2016 年、2017 年三年，公众对制度信任指数都位居世界前五。和爱沙尼亚一样，新加坡也将编程和其他数字技能作为重要课程，纳入声誉卓著的教育制度中。新加坡还是一个不受自然国境线限制的国家，现有领土的 25% 都是独立后填海造陆的结果。新加坡的规划者用"撑大土地"这个委婉词表示推平部分山丘，用泥土填海，改变岛屿地理面貌的行为。[2]

马六甲海峡南端这个热带小岛正在绘制网络未来的地图，这对世界有重大意义。爱沙尼亚是世界上探索数据完整性的先锋，而新加坡是探索“智能国家”的先锋。2014年，李光耀的长子、新加坡现任总理李显龙启动了政府的“智能国家”倡议，用一位部长的话来说，旨在将这个岛屿变成“活的实验室”，让数据改善公民生活。2016年，《华尔街日报》宣布，新加坡“正将智能城市提升到全新水平”，并描述这个项目为“收集城市日常生活数据范围之广，前所未有”。[3]

李显龙正在设计一个乌托邦一样的城市，这里“无处藏身”。[4]智能国家项目有一个乌托邦式的目标，就是记录新加坡的一切，让所有新加坡人知道新加坡的一切。这个项目尝试实现地理学第一定律：让一切相连。

“新加坡正在岛上各处安装不定数量的传感器和摄像头，从公共场所的清洁到人群密度，再到每一辆本地注册的车辆的精准运动轨迹，让一切都在监控之中。”在新加坡一次政治活动上，李显龙解释道。可以理解，他说的话会吓到主张保护隐私者，他们以十九世纪的态度看待个人不受打搅的权利。不仅他们会被吓到，为此对新加坡半专制政治文化的批评者也担忧不已。[5]

这些批评者——包括大赦国际、执政党人民行动党的反对者，还有其他人权组织——担忧很多东西，尽管新加坡取得了了不起的经济成就。但自从独立以来，人民行动党对新加坡的统治却从未间断。新加坡宪法虽保障言论自由，却允许政府以“它认为是必要或适宜的限制”去控制言论，以保护“议会的特权”以及防止“藐视法庭”或“煽动任何犯罪”。[6]因此，只要执政党不觉得你说的话有冒犯性，新加坡宪法就保护你的言论自由。难怪无国界记者组织在《2015年全球新闻自由指数》中把新加坡排在了175个国家中的第153位——夹在埃塞俄比亚和斯威士兰中间，比俄罗斯、缅甸或津巴布韦都要低。

根据《经济学人》的说法，新加坡政府“已经开始阐述厚脸皮不怕批评的种种优点”，包括李显龙在内的几位高级部长都公开称颂“唱反调的人”和“颠覆性的挑战者”的价值，但是新加坡言论自由的历史往好了说，也只能算是有污点。[7]比如，三名活动家因抗议政府管理的强制储蓄计划遭起诉定罪，2017年，新加坡最高法院维持原判。最让人烦忧的是，三位抗议者（其中一位曾在2015年竞选国会独立候选人）曾在新加坡的演讲角示威，而这里本应该是新加坡人自由表达、不受限制的地方。

2016年5月，一位十七岁的博主余澎杉（Amos Yee）因“伤害”穆斯林和基督徒的“宗教感情”，按照《新加坡刑法典》第298条被提起刑事诉讼，这个案件吸引了大赦国际的注意。两年前，余澎杉曾因讥讽李光耀而被判入狱五十五天。大赦国际也受理了几个政治活动分子的案子，2016年6月，他们因为在禁止活动期间在脸谱网发帖而“受到数小时的调查”。大赦国际2016年6月写道：“对于新加坡政府对批评和国内不同观点的一贯敏感态度，大赦国际深表关切。”[8]

智能新加坡的目的不是建立数字老大哥式的监控项目，以贯彻人民行动党观点，而是——至少按照目前正在实施该项目的政府部长、政策制定者和技术专家的说法——为后隐私时代创造一个城市智能平台。确实，如果E沙尼亚的实验可以总结为信任至上，那么新加坡智能国家项目的关键则是智能，这个项目也包含类似爱沙尼亚的数字身份证系统，储存个人数据。我们听到，项目的计划是改造新加坡，让数字信息——也就是新加坡每天产生的所有字节的数据，成为一个超智能的新公共空间，促进城市创新。该计划旨在建立一面电子镜面，让世界上联网程度最高的国家能把自己看得更清晰。

智能国家当然是个雄心勃勃的计划。五百五十万新加坡人中有82%使用互联网，这部分人群中又有64%在社交网络上处于活跃状态。他们产生的数据越来越多，将通过他们的智能手机、智能家居、智能汽车、智能街道甚至是智能学校传输到最智能的数据库。但是这并不是公民信息被政府垄断的封闭系统，该项目的设计师说，这个智能国家数据库是个叫作“虚拟新加坡”的开放平台，每个人都可以访问，特别是开发应用程序的创业者和市政技术专家。

如果确如美国伦理学家赛德曼所说，电脑代表我们的第二大脑，那么这个身份证系统就是新加坡的第二大脑。它正在成为全国的数据库，所有人信息汇集到这个数字公域，成为网络社会新操作系统的基础。“了解你自己”，古希腊城邦的智者如是说。两千五百年后，一个二十一世纪的城邦正将集体知识变为舵手，将引导它走向未来。

新加坡新的数字操作系统最大的特点是超级智能，这一点并不令人意外。事实上，整个新加坡的奇迹都建立在这一点上。这个城邦的创立者、新加坡的乌托邦国王李光耀，用比尔·克林顿和托尼·布莱尔的话来说，是二十世纪最聪明的领导人。李光耀在没有任何自然条件优势的情况下，一手将马来半岛南端这个贫困小岛打造成跻身世界前列的极其繁荣并井然有序的国家。李光耀做到了之前被认为是不可能的事——打造了一个一党制、家长作风的政治制度，将以下两方面结合在一起：一方面是致力于服务公共利益的智慧政府和清廉的官僚体系，一方面是开放的英才管理文化，强调个人责任、勤奋工作和进取创新。他的做法是自上而下实行监管、创新和教育战略，充分利用新加坡公民生产力和创新品质，在此基础上构建了一套东南亚独有的社群主义发展公式。

但是这样的成就也同样意味着巨大的成本和妥协。伊尚·萨鲁尔(Ishaan Tharoor)是《华盛顿邮报》外交事务作者，在李光耀的讣告中，他写道，李光耀的遗产上方悬着“一片阴影”，即民主制度中的“严苛手段”，这样的制度有时令人窒息。“在李光耀统治下，新加坡实际上是一党专政，”萨鲁尔解释道，“虽有缓慢改革，但言论自由仍受严格限制。有关诽谤的法律非常严格，导致反对派政治人士破产并被边缘化。”[9]

确实，半专制的李光耀和乌托邦国王的确有诸多相似之处。后者无疑是个专制君主，他创立乌托邦后，树立方方面面的严格法律，进行高度管制。李光耀让很多人脱离贫困，而莫尔书里的拉斐尔·希斯拉德提醒我们，乌托邦“使岛上未开化的野蛮居民成为高度有文化和教育的人，今天高出几乎其他所有人”。[10]但在乌托邦和新加坡之间有一点重要区别。乌托邦的农业共产主义制度极其不民主，在某些方面更多让人联想到朝鲜，而非新加坡。在乌托邦，钱是完全非法的，任何人都不允许拥有任何物品。而在新加坡，尽管政府在经济生活中占据重要作用（比如，新加坡80%的人口居住的都是政府公屋），自由市场和个人财富积累却一直受到积极鼓励，而且新加坡有半民主的选举制度，尽管这个制度向执政的人民行动党倾斜，并引发了很多争议。

今天的新加坡是世界上联网程度最高的地方，失业率不到2%，是世界第二繁忙的港口，也是世界上做生意第二容易的地方。新加坡如今的人均收入为56700美元，为世界上第三富裕的国家，仅次于免税港卢森堡和拥有丰富天然气资源的卡塔尔。花旗集团一份研究预言，到2050年，新加坡将成为世界上最富裕的国家，人均收入将达到约137710美元。[11]新加坡也许和乌托邦并不相同，但是从经济繁荣角度来看，也相去不远。

李光耀 1990 年辞去总理一职，2015 年去世。他的儿子李显龙是一位剑桥大学毕业的数学家和计算机科学家，如今接了李光耀的班。智能城市倡议不仅是保留李光耀遗产的宣传手段，新加坡从一个冷清寥落的殖民时期边远居民点成为世界上最智能的国度，智能城市倡议是这条道路的下一步。李显龙喜欢在闲暇时写编程代码。[12] 他的挑战不仅是将父亲成功的公式数字化，将现实中的新加坡变成 E 托邦，还要把专制的父亲遗产上空那片“阴影”——也就是对民主的蔑视——驱散，保证世界最智能的国家同时也是个民主国家。

地理就是力量

我正在新加坡良木园酒店和作家帕拉格 · 坎纳（Parag Khanna）喝下午茶。这是一幢有着殖民时期特色的建筑，坐落在一片郁郁葱葱、面积六英亩的花园里，旁边就是司各特路（Scott's Road）。这条道路在市中心，以威廉 · G. 司各特（William G. Scott）船长命名，司各特是十九世纪英国人，曾任新加坡港务局长和邮政局长，也是岛上最大的几个种植园的主人。

这个岛上一切都在不断地更新，因此新加坡没有什么东西和表面一样。比如，良木园酒店最初由十九世纪中期的德国定居者修建，是一座有着莱茵地区风格的城堡，后来在第一次世界大战和第二次世界大战期间先后被英国人和日本人占为拘禁营。如今，这栋建筑已经修复成为一栋田园风格的英国殖民时期建筑，和司各特船长故居风格相似。

坎纳给我发邮件安排见面地点时说，“这个地方聊天很不错”。与室外的噪声和热浪相比，茶室内开着空调，温度舒适，安静凉爽。外面是90华氏度的热带天气，街道因施工和交通繁忙而拥挤不堪，在这个工业化的岛国城邦里，一切都持续运动着。

坎纳生活在新加坡，自称为“政治地理学家”，“执迷于地图”。他2016年出版的书《联结学》（*Connectography*）试图绘制出二十一世纪的“全球文艺复兴”。低调的侍者轻轻将大吉岭茶冲入细瓷茶杯，不出一点声响。坎纳喝着茶，这位出生于印度，在美国接受教育，又在世界各地游历的作者告诉我，他为什么三年前带着妻子和两个幼小的孩子，从伦敦搬到了新加坡。

他啜着茶说：“如果你不深入亚洲的生活，就理解不了未来。”

“这个未来在地图上会是什么样子？”我问坎纳。我想到霍尔拜因绘制的乌托邦地图中隐藏的种种信息。我想到，像不断变化的新加坡一样，地图也并非如其表象。

“这个未来会像新加坡。”坎纳回答，一边向茶室挥舞手臂，好似这就是整个岛屿。“这个未来从地理上是一个全球联通的城市。”

当然坎纳是对的。在超连接的新加坡，联网的货物、服务、金融、人和数据不断流入流出，这样的地图令人眩晕，不管我们喜不喜欢，最终都会成为我们所有人的未来。但我们从新加坡“撑大”土地面积的能力知道，地理学和地图绘制不仅是描绘现实而已。

和坎纳喝完茶，我拿出自己皱巴巴的新加坡地图继续游览城市。很多建筑上都挂着庆祝从英国独立五十一周年的旗帜和标牌。这些市政制作的生日卡片上都写着：“生日快乐新加坡——为国家提供动力。”我乘坐光洁闪亮的地铁往市中心，来到新加坡的心脏——殖民区，也就是靠近水边旧码头的滨海湾区域。这里国际银行、奢华酒店、购物中心流光溢彩，是新加坡掌控地理、征服自然最宏伟的证明。你可以在滨海湾花园里信步，这个未来式热带植物园花数十亿美元打造，温室里有八百多个物种的217000株植物，包括数株具有未来感的“参天大树”和一座云山，飞流直下。你可以在滨海湾金沙酒店购物、赌博、入眠，这是新加坡最有标志性的当代建筑，既是赌场也是酒店，花80亿美元打造而成，是二十一世纪的世界奇迹，看上去像是科幻电影里的建筑：形如一艘游轮，由三座636英尺高的摩天大楼托起，送上云天。

而我的目的地在滨海湾金沙酒店的影子里。这栋小小的半圆形白色建筑俯瞰水面，形如滨海湾花园里一丛不起眼的灌木，十翼如手指往周围延伸，屋顶如碗形。这栋外形独特的大楼象征绽放的白色花瓣，状如岛上的本土热带植物——一种大型白色莲花。

但是这座建筑却可以说没有什么是本土的。它的设计师是杰出的加拿大籍以色列裔设计师莫瑟·萨夫迪（Moshe Safdie）。萨夫迪也是金沙酒店的设计师（更显得不协调的是，他同时也是以色列犹太大屠杀纪念馆的设计师）。这座白色建筑是新加坡艺术科学博物馆，是新加坡举办技术展览和节庆的最佳场所。我来这里是为了看一个名为“大爆炸数据”的展览，内容讲的是李显龙的智能国家项目怎样建设虚拟新加坡。在新加坡什么都不是表里一致，特别是这栋白莲花状的建筑，所以我来这里的目的是分清智能新加坡项目的表和里。

我想回答的问题很简单。新加坡的第二大脑——把所有信息纳入中央数据库的全国项目——是未来的解决方案，还是未来的问题？这个“活的实验室”会带来大数据乌托邦，还是反乌托邦？

数字社群主义

对于数据对社会的影响，“大爆炸数据”表现出的态度很矛盾。一方面，展览处处都在警告大规模监控、在线个人信息泛滥、隐私不复存在等问题。但是展览同时又很乐观地表现数据以种种途径丰富民主和公共参与。展览上可以看到很多不同的新加坡地图，连坎纳这样的地图爱好者也会很满意，地图显示这个智能岛屿如何向五百五十万公民提供更廉价的网络服务，以及如何收集数据并存储在云里。展区之一名为“数据服务公益”，展示一些新加坡本土公益应用程序。其中一个免费交通软件名为 Beeline，通过分享实时数据改善新加坡人通勤上下班的体验。第二个软件是卫生部开发的，通过开放数据共享，方便市民和医生的沟通。第三个叫 MyENV，由新加坡国家环境局开发，提供实时空气质量、天气、登革热高发区信息。

这个展览是新加坡资讯通信发展管理局总经理杰奎琳 · 傅告诉我的。该机构负责推动智能国家项目在教育、医疗、税收、交通、社会服务领域的进展。前一天我们一起吃早餐的时候，傅建议我去看艺术科学博物馆，并向我保证，这个展览会让我了解“新时代”，看到技术正在兼收并蓄，造福新加坡人。

傅是位身材娇小的女子，一袭考究红裙，只有腕上黑亮的苹果手表与数字技术搭边。她向我解释了这个兼收并蓄的新时代，用硅谷富有远见者的民主化语言，向我呈现了新加坡数字未来的愿景。她解释，新加坡资讯通信发展管理局正在支持开放数字平台和黑客马拉松，利用智能新加坡的信息为公众带来福利。她说公民黑客以及公民和政府间在“合作开发”应用程序。她向我介绍了新加坡的免费众包软件 MyResponder，这是新加坡民防部队开发的，如遇路上有人心脏骤停，公众可以通过软件报告并采取措施。她还介绍了新加坡政府的一站式门户网站 Data.gov.sg，这个重要的网站上分享了七十个公共机构的数据集。

硅谷将自由市场奉为圭臬，对政府参与市场的任何行为都深怀敌意。但和硅谷惯常的自由主义意识形态相反，傅认为虚拟新加坡是一个机会，公民和官方可以借此共同开展同时有益公众和私人的项目。“共享”“合作”“社区”，这些诱人的理想常常被脸谱网这些成功的硅谷大企业拿来为自身牟利，这也符合企业的本质。而在新加坡，这些理想却很自然地符合李光耀创建的政治文化。

杰奎琳·傅就是一个典型的开明政策制定者，促进民众对体制的信任。她是一名警察的女儿，她告诉我，“我们家不宽裕。”她在政府资助下，在牛津大学和剑桥大学攻读了政治学、经济学和哲学，之后进入政府任职。她说到自己对社区的“责任”，引用了美国哲学家约翰·罗尔斯（John Rawls）的“社会正义”观点。她特别受到罗尔斯“无知之幕”的影响，说正是这个思想实验让她确信，自己有道义上的责任去照顾社会里不那么幸运的人。因为这点，她支持新加坡安装全国宽带网络，让所有公民都能享受“全面”光纤到户。也正是因为这点，她向我介绍新加坡的“家网通（Home Access）”计划时满怀骄傲之情——这个项目每月每户收费仅 4 美元多一点，不仅为收入最低的家庭提供高速互联网接入服务，还免费提供智能手机一部。

傅远不是新加坡唯一一个用启蒙运动式的语言支持以立法为手段促进公共利益的公务员。展览最后一个展厅的墙上，有一句诗的投影，为智能新加坡展览做结语：

> 智能国家言说之时，我想它能告诉你未来的模样。
>
> ——艾伦·马尼亚姆（Aaron Maniam）/诗人，贸易与工业部工业司司长

第二天，我到市中心财政部的办公室探访马尼亚姆。这栋建筑上也挂着“生日快乐新加坡——为国家提供动力”的标牌。马尼亚姆和傅一样，都很聪明且年轻，来自典型的中产阶级家庭（他的父亲是一位航空调度员），曾获政府奖学金到海外留学。和傅一样，他在牛津大学学的是政治学、哲学和经济学，之后在耶鲁大学学习了一年。他打算回牛津大学，写一篇关于信任和技术之间关系的博士论文。

我问这位瘦而结实、留着八字胡的年轻公务员：“数据对你意味着什么？”

马尼亚姆回答，数据意味着有令社区更加紧密的潜力。他还补充道，它意味着加深政府和公民之间信任的可能性。

和傅一样，马尼亚姆对罗尔斯的哲学感兴趣。他同时也很熟悉社群主义思想家的作品，包括哈佛大学的迈克尔·桑德尔（Michael Sandel）和苏格兰政治哲学家阿拉斯戴尔·麦金泰尔（Alisdair MacIntyre），这两位思想家都注重一个观点，那就是社区高于个人权力。马尼亚姆告诉我，对于网络技术在社区中建立信任、建立互动性更强的民主过程中发挥着什么样的作用，他特别感兴趣。他说，“社会资本”带来“人类繁荣”，信任是前者的基础。他提醒我，新加坡在“爱德曼信任度调查报告”上位居前列，并提到Salesforce公司的Chatter这样的“有意识平台”，这些平台为志同道合的人创造合作社区。

他设想开发一个公共版的Chatter，这是包含整个新加坡的社区论坛。“我设想的是一个公域，”他引用十六世纪的英国历史来设想二十一世纪新加坡的未来，“这个公域就像十六世纪亨利八世打击修道院时关闭的那个。”

因此，对艾伦·马尼亚姆来说，也正如对杰奎琳·傅来说，智能国家是一个数字公域，各方可以在此共创公民技术，并在此基础之上建立二十一世纪的互动的技术统治。数据共享将奠定合作或社群主义式民主的基础——李光耀建立了廉洁的准民主一党制政权并由李显龙维持，合作或社群主义式民主在形式和功能上都是现在制度的数字升级版。马尼亚姆和傅都认为，未来会是这样的面貌。

信任、信任，还是信任。虽然远隔重洋，相距千里，马尼亚姆和傅这样的新加坡高层政策制定者和爱沙尼亚的塔维·柯特卡和安德雷斯·库特却在许多方面惊人地相似。他们都同意，在我们这个后隐私时代，信任处于中心角色。这个观点也为政府最高层认可。即便是李显龙总理也相信，公民和政府间的信任是智能国家项目成功的关键。2012 年以来，新加坡在公共场所安装了 65000 个摄像头，说到这点，李显龙说："人们必须确信，这对他们有好处，他们会因此受益，隐私不会受侵犯。"[13]

李显龙在建立公民对政府的信任方面似乎成功了。我在新加坡期间，和各种人谈话——从风险投资人到初创企业家，从政策制定者到技术专家，还有带着我转智慧岛的健谈的优步司机，每个人都表现出对政府坚定不移的信任，有时甚至让人感觉诡异。林琴（Chinn Lim）是 Autodesk 的政府事务总监，在新加坡工作，他告诉我，这种信任也许是因为新加坡政府精心打造了"五十一年奇迹"，带来高质量生活、卓越的教育，并为公民制造了充裕的就业机会。林琴告诉我，新加坡没有隐藏社会契约。政府一直很负责地做自己的工作。

杰奎琳·傅表示，这种信任源自过去非凡的五十年里新加坡人共同的经历。"我们都是共同成长的。"傅说，在新加坡，公民信任像她和马尼亚姆这样的公务员，他们也似乎同样信任公民。的确，在一党制的新加坡，这是官方的辞令。而且的确，这个岛上有的人会强烈反对，比如因为嘲笑李光耀而入狱的余澎杉。但是，尽管存在一党独裁的阴影，新加坡仍是一个值得信任的地方，高居爱德曼报告前几位。公民普遍相信政府会为自己的利益着想。

新加坡计划收集的数据量前所未有，智慧国家模式究竟会在数字未来解决问题，还是制造问题？要看情况。看到新加坡模式，你也许会像读《乌托邦》一样，一边印象深刻，一边不寒而栗。爱沙尼亚总统说，需要在政府和公民之间建立新的洛克式社会契约，而挑战就在于怎么将信任制度化，并建立这个契约。爱沙尼亚有柯特卡和库特等技术专家保证系统中的数据完整性，新加坡可以学习这个模式。

如果对不可信的政府缺乏这类制度性的防御，那么新加坡正在建造的“活的实验室”可能导致出现大数据的反乌托邦。毕竟，如果政府和公民间的信任崩溃，一个超连接的社会会变得怎么样？如果不可信的政府知道我们的一切，会发生什么？最令人不寒而栗的是，如果政府既不可信，也不信任公民，把自己本该代表的公民全部视作潜在敌人呢？

为什么 2020 年可能是 1984 年

“房间里的大象，就是隐私保护和安全保障。”维文（Vivian Balakrishnan）承认道。他的意思是数据大爆炸可能导致个人权利受到侵犯。[14] 维文是新加坡的外交部长，也是负责智能国家项目的部长。他说，在智能国家，数据完整性十分重要，没有它，数字时代就没有个人自由可言。

但说到隐私问题，这头大象也许根本就不在新加坡。站在创新之国爱沙尼亚对立面的，是来自东边俄罗斯、每年拿着3亿美元政府预算进行网络攻击的花哨熊黑客团。

和普京领导的俄罗斯相比，中国在今天超连接的世界里并非“不法之徒”。俄罗斯唯一真正的“创新”不过是偷偷向国外出口假新闻，而中国却是世界上两大创新超级大国之一，几家本土互联网企业达到了赢家通吃，至少是在中国市场打垮了硅谷的大公司。当然，部分原因是因为中国市场存在严格管控，对外企进行差别对待，但是本土互联网企业的成功也是因为自身创新生态系统做得好。《经济学人》把一些中国本土互联网大企业称作“中国的技术先驱”。[15]举个例子，主导中国市场的移动信息服务软件微信，将邮件、免费视频电话、群聊优美结合为一体，令美国同类产品，如Facebook Messenger和Apple Messages都显得有些过时了。[16]中国电商巨头阿里巴巴和新浪微博增加了各种原创特性，比推特和亚马逊更受中国用户欢迎。事实上，优步在中国惨败，不得不把本土业务卖给了在中国最大的对手滴滴出行。

我们发现一个深刻的教训，提醒我们治愈未来大体上可以说是个政治和社会挑战，而不仅是技术挑战。技术解决不了技术问题；人才可以。只有人可以书写自己的数字历史，而这一历程又基本上是通过政府实现的，不论结果如何。

“智能国家言说之时，我想它能告诉你未来的模样。”在“大爆炸数据”展览的最后一个展厅，有马尼亚姆的这句充满诗意的话。但没有哪个国家，不论智慧与否，真的会用一个集体的、卢梭式的声音“言说”。各国会选出或者任命马尼亚姆或者爱沙尼亚总统伊尔维斯这样的聪明人来代表自己发言。因此，关于未来最现实的故事通常来自立法者或者监管者。所以我们必须跟另一位先知先觉的官员谈一谈未来可能的模样。不过她所在的地方，和新加坡分处于地球的两端——她在欧洲监管和立法的首都——布鲁塞尔。

如果说爱沙尼亚和新加坡都是云中国度，只是运行方式不同，那么布鲁塞尔（在这里到处都是略显官僚的欧盟大楼）可以说是个坚实扎根地面的地方了。现在，我们该从云端回到地面，去跟监管者谈谈了。

第六章　监　管

泰迪·罗斯福的化身

欧盟的首都布鲁塞尔没人爱也不可爱，我从北加州飞到这里去见末日四骑士最令人意想不到的对头——一位在西日德兰半岛的平原上长大的四十九岁的丹麦女士。她的名字是玛格丽特·维斯塔格（Margrethe Vestager），曾任丹麦副总理，现任欧盟竞争事务专员——任这个职位的人是硅谷的死敌。身为欧盟反垄断领导人，她对抗硅谷商业模式和做法的态度比世界上任何一个人都要坚决。如果你还记得的话，她打击的对象被《纽约时报》的法哈德·曼约奥称为“可怖五大”——五家占主导地位、赢家通吃的大技术公司，总市值2.3万亿美元，达到欧盟二十八个成员国16.5万亿GDP的14%，十分惊人。

《金融时报》专栏作家菲利普·斯蒂芬斯（Philip Stephens）认为，维斯塔格正是把数字资本主义从数字资本家手中救出来的人。斯蒂芬斯说，自由市场资本主义，不论数字的还是非数字的，问题就在于其本质上会倾向于形成赢家通吃的垄断，这也许甚至是不可避免的。“不受限制的话，创业精神就会僵化为垄断，创新变成寻租，”斯蒂芬斯说，“当今这些传奇的‘破坏者’，明天会变成惬意的卡特尔。”[1]因此在他笔下，维斯塔格有潜力成为二十一世纪的泰迪·罗斯福。这位美国总统任期内通过了《谢尔曼反托拉斯法》，打击十九世纪末期赢家通吃的美国工业大企业，包括标准石油（Standard Oil）和美国烟草公司（American Tobacco Company）。

但是斯蒂芬斯提醒我们，十九世纪给现代福利国家打下基础的德国宰相奥托·冯·俾斯麦不是社会主义者，罗斯福也同样不是社会主义者。斯蒂芬斯解释道，罗斯福打击托拉斯，并不是为了财富再分配，而是认识到"资本主义要求合法性"，只有人们相信制度对每个人都公平的时候，资本主义才能繁荣发展。同样，签署1906年《联邦肉类检验法》的也是这位罗斯福。可以说，将纽约和全国的肉库区清洗一新的正是这部法律和其他相关重要法律。罗斯福和本书中其他通过政治手段改革现状的人一样，打击托拉斯以促进信任。他让人民再次相信自由市场资本主义。

打击托拉斯的意义在于让所有企业，不论大小，能公平竞争。1911年，路易·布兰戴斯还没有成为最高法院大法官，当时他发言支持一项旨在限制企业规模的提案。布兰戴斯说："大的东西曾经头顶光环。不管什么东西，只要是大，仿佛就是好的、对的。我们现在看到，大的东西却可能是非常恶劣的。"[2] 最重要的是，布兰戴斯相信，如果美国成了标准石油和美国钢铁公司的天下，经济权力过度集中，就站到了民主的对立面。你应该还记得，布兰戴斯还坚决主张个人"不受打扰的权利"，反对摄像技术对隐私的侵犯。他警告说："我们必须做出自己的选择：我们可以选择民主，也可以选择财富集中到少数人手里，但是二者不可兼得。"[3]

罗斯福、布兰戴斯和很多二十世纪初的美国人对工业经济进行改革，帮助小企业主重新得到公平的竞争环境。和他们一样，维斯塔格也正在尝试重建经济中的信任。“现在说维斯塔格继承了罗斯福的精神还为时过早，”斯蒂芬斯承认，“但是，你只要是支持造就了苹果、谷歌等成功企业的自由市场经济，你就应当赞成她重新恢复市场平衡的勇敢举动。”[4]

维斯塔格的勇敢在于，她坚定不移、径直向法哈德·曼约奥所说的“强大的超级美国企业”叫板。[5]斯蒂芬斯说，维斯塔格告诉谷歌和苹果等公司，它们对现实世界负有责任。说来也巧，维斯塔格是三个女孩的母亲。这些企业鼓吹激进改变世界的做法，而维斯塔格正是在教训这种幼稚的做法，让它们守规矩。斯蒂芬斯写道，苹果首席执行官蒂姆·库克的话“常常听上去像是他觉得，自己的公司应该爱交多少税就交多少税”，而维斯塔格毫不含糊地向库克指出了他的义务。[6]用斯蒂芬斯的话来说，苹果和爱尔兰政府达成了“迷宫般复杂的税收协议”，维斯塔格要求苹果补缴130亿欧元的税款，并告诉库克，苹果的欧洲子公司设在爱尔兰，每年的营收以百亿计，向爱尔兰政府交的税却只占营收的0.005%。苹果如此明目张胆地避税，难怪这家世界上市值最高、最有钱的公司有2150亿美元的资产都在海外，任何主权政府都碰不到。

我第一次遇到维斯塔格这位令人敬畏的女士，是那年早些时候在慕尼黑参加欧洲最重要的技术会议——每年一度的数字生活设计（Digital Life Design，简称DLD）大会，由德国出版集团布尔达传媒集团（Hubert Burda Media）主办。维斯塔格面对一群听众发言，他们绝大部分是技术创业者、专家或风险投资人，几乎都是美国人。她说，当下的互联网经济以广告为中心，通过监控用户将用户的个人数据转化为商品，而“消费者需要公平交易”来保护自己的数字隐私。

维斯塔格讲话时态度坚定，与斯诺登和布兰戴斯颇有相似之处，她认为："隐私是存在的一个基本部分。"而自由，特别是网络自由，应该保证"被遗忘的权利"，并提到欧盟出台了一系列的法规以保护隐私权，保护对象之一就是被遗忘的权利。

不出所料，由于在场听众大部分都是后隐私时代经济模式的既得利益者，维斯塔格讲完后，只有表示礼貌的稀稀拉拉的掌声。讲话之后所有的提问也都带着敌意，其中一位提问人是有名的美国技术专家，和马克·扎克伯格是朋友，并且写过一本热情赞颂脸谱网连接世界的书。就维斯塔格对硅谷核心商业模式的批评，他提了一个特别有诱导性的问题。

"你不担心吗，"他语气里带着道德感，带着一个美国国际主义者失望的腔调，"这会令互联网分裂？"

尽管这个问题披着数字威尔逊主义的外衣，一副站在道德高地的口气，事实上问的却是谁能有权力影响互联网的未来。读者，你要知道，在硅谷的语言里，"分裂"就是失去市场份额的意思。有一个词叫"互裂网"（splinternet）[7]，意思是全球数字经济分裂成独立的区域市场，不论结果好坏。这个概念令脸谱网和谷歌这样的私营企业极度不安，因为它们的股东要求无尽的增长，也就需要这些公司能够获得、并且主导单一的全球市场。

《纽约时报》的曼约奥说，这种"分裂""只是个冰山一角而已，面对美国技术行业的威力，各国都吓坏了，所以做出这样的回应"。曼约奥预测，在未来几年，"一边是少数几家技术企业几乎主导整个行业，另一边是各国政府试图抵御这些公司的入侵，我们必定会看到双方越来越多的摩擦。欧洲的情况同样也发生在中国、印度和巴西，以及世界上大部分其他国家”。[8]

维斯塔格面对DLD现场的提问者，回答得清楚明白。“不，我不担心。”说到欧洲市场是否可能出台不同于美国的法规，导致欧洲市场分裂出来，变成孤立甚至敌对的经济生态系统，她这样回答：“我根本不担心。”

我认为她面对带着敌意的观众不卑不亢，毫不妥协，在活动之后我去祝贺她。我解释说自己正在写一本关于怎么治愈未来的书。“啊，我也许帮得上忙，”这位罗斯福的二十一世纪化身眼睛一亮并回答道，“来布鲁塞尔找我，我们到时细聊。”

于是我就去了布鲁塞尔。但是我到那儿的时候，以为开战了。新欧盟总部大厦是欧盟委员会数千名高级公务员工作的地方，像是处于高度警戒下。这栋十字形大楼是“欧洲行政中心”，所有十八层楼、四十二部电梯、十二部扶梯好像都受了攻击。这栋建筑其貌不扬，地处布鲁塞尔“欧洲区”中心舒曼环岛旁，外面围着武装部队、警车、路障和重重欧盟安保关卡，我好不容易才进了楼。要不是因为前一个月在布鲁塞尔发生了恐怖袭击，我可能会以为这么夸张的安保全是为了维斯塔格。

维斯塔格当时在跟硅谷开战。那一周，世界多家报纸上刊载了她的头像，有的卡通画家把她画成挥舞着斧子的维京人，抵挡美国技术公司入侵欧洲大陆。这些头条新闻报道的消息，是维斯塔格对谷歌开辟了监管战的第三战线。我去拜访她的前几天，维斯塔格表示将对谷歌展开第三次正式反垄断调查。[9]她决心坚定，要按照欧盟法律追究美国技术公司的责任，甚至当时在任的美国总统奥巴马都表示不满，称她的做法是“保护主义”，保护欧洲的技术公司避免同硅谷竞争。[10]

在普京领导的俄罗斯，本土搜索引擎 Yandex 占市场主导地位；在中国，有防火墙屏蔽。除了这两个国家，谷歌在全球网络信息经济中都实现了惊人的控制，紧紧抓住市场。谷歌在欧洲市场的主导程度甚至超过了美国，在美国好歹微软的必应还有 20% 的市场份额。在搜索方面，谷歌搜索引擎在西班牙和意大利市场份额达 95%，这一比例在法国为 94%，在德国为 93%。[11] 但是垄断本身并不违法，违反反垄断法的行为是一家公司利用在某个经济领域的主导地位，给其他业务领域带来好处。用法律术语来说，这种做法就是"滥用市场支配地位"，一旦被认定违反了反垄断法，后果会很严重，原因有二：第一，罚款可高达数十亿美元（达到一家公司年收入的十分之一，在谷歌案中该金额约为 66 亿欧元）；第二，谷歌这样的跨国巨头败诉的话，有可能会令整个市场和行业格局洗牌。

"如果一家公司主导了市场，不是问题。"维斯塔斯总结道。她的反垄断策略是为了保证小公司能公平参与竞争。"但是如果这样的主导地位被滥用，那就有问题了。"[12]

而对谷歌这家市值全球第二、仅次于苹果的公司，维斯塔格问题很多。她对谷歌展开多方面调查，因为谷歌涉嫌滥用其市场主导地位，特别是在在线搜索和安卓移动操作系统方面。谷歌受到指控的内容是滥用在搜索上赢家通吃的主导地位，试图控制整个网络生态系统。欧盟展开第一次反垄断调查针对的是谷歌滥用在网络搜索领域的主导地位，说谷歌人为提高了自己的比价服务（Google Shopping）排名——这是违反欧盟反垄断法的典型做法。[13]

2017 年 6 月，经过七年的调查，维斯塔格的办公室对谷歌滥用 Google Shopping 的行为开出 24.2 亿欧元的罚款，创下罚款金额的纪录。“谷歌的行为违反了欧盟反垄断法，剥夺了其他公司凭实力参与公平竞争和创新的机会，”维斯塔格对于为何罚谷歌罚得如此之重这样解释道，“最重要的是，谷歌剥夺了消费者对服务的选择权，让他们无法享受创新带来的全部好处。”[14] 英国互联网历史专家约翰·诺顿（John Naughton）认为，这一“天价”罚款意味着硅谷“霸权”正在受到削弱。裁决结果出来之后不久，诺顿写道：“欧洲人和欧洲政府在美国公司的力量面前畏缩战抖的时代也许就要结束了。”[15]

维斯塔格的第二项调查内容是谷歌利用安卓移动电话软件的地位（全球 86% 的智能手机用户使用的系统），迫使设备制造商和电信公司在智能手机上预装谷歌作为默认搜索软件。[16] 第三项调查针对谷歌广告服务 AdWords 涉嫌垄断行为，该服务每年为谷歌带来 800 亿美元的广告收益，占广告营收大头。《华尔街日报》称，欧盟指责谷歌“限制第三方网站显示来自谷歌对手的搜索广告”。

也就是说，谷歌的广告生态系统同时既要不偏不倚地分配广告位，又是打倒竞争对手的工具。谷歌不仅想在数字世界政教合一，还想扮演上帝。谷歌的目标是实现绝对控制，想要将数字世界的一切收入自己囊中——控制网络经济中所有在线平台、服务、产品、商店。

而如今，上帝也许遇到了对手，她是来自西日德兰半岛一个小镇上的丹麦人，一位四十九岁的女士、三个孩子的母亲。

硅谷的屠龙勇士

如果说玛格丽特·维斯塔格是罗斯福的化身，那么从很多方面也可以说，她和谷歌对峙的同时，也是在和十九世纪末的问题对峙：打压创新的经济模式再次出现了。谷歌的行为重复了工业垄断的老路：

约翰·D.洛克菲勒（John D. Rockefeller）的标准石油公司、科尼利厄斯·范德比尔特（Cornelius Vanderbilt）的纽约中央铁路、J.P.摩根（J.P.Morgan）的美国钢铁公司——这些都是布兰戴斯所说的“可能会非常恶劣”的“大的东西”。这就是反垄断法律之所以重要的原因。对于不从事法律工作的人，反垄断法可能非常枯燥，甚至晦涩难懂，但是为了保护网络未来的创新和公平，反垄断法非常重要。

确实，我和博斯维克在Betaworks聊天时，他告诉过我这一点。我前往布鲁塞尔之前，去了门罗公园（Menlo Park）法务办公室拜访了加里·里巴克（Gary Reback）。办公室在硅谷中心，从山景城谷歌总部上101号公路往北，过几个出口下来就是。里巴克是美国最像维斯塔格的人。

《连线》杂志曾报道过里巴克公开支持用法律维护公开市场竞争一事。“要是有谁能定义二十一世纪的反垄断法律，这个人非加里·里巴克莫属。”

的确，二十年前，一场旷日持久的官司重塑了技术行业的未来，里巴克在其中扮演的就是维斯塔格的角色。二十世纪九十年代末，这位斯坦福大学毕业的律师得到一个称号：硅谷的“屠龙勇士”。他说服美国政府起诉微软滥用在台式计算机行业的市场主导地位——2000年，97%的电脑设备使用的都是微软操作系统。虽然微软滥用市场地位的行为不及当年的标准石油公司和美国钢铁公司，却是违反反垄断法律的典型做法，试图利用视窗（Windows）操作系统的垄断地位打倒被视为竞争对手的企业，比如网景浏览器（Netscape）或太阳微系统公司（Sun Microsystem）的Java。如果里巴克没有对微软动手，我们今天生活的世界也许仍被视窗操作系统垄断着，甚至互联网都可能变成微软推广自家服务和产品的广告牌。

里巴克的强势立场对该案件产生了很大影响，博斯维克作为美国在线新产品负责人也参与了诉讼。[17]这场官司持续了三年，种种周折令微软疲于应对，虽然最终微软没有拆分，诉讼却成为各家极有创新精神的Web 2.0公司崛起的契机，其中就包括谷歌。1998年，几位斯坦福大学计算机科学系研究生创立谷歌，如今谷歌已经成长为新的全球霸权企业。

里巴克身材健壮，说话很快，标准硅谷打扮——卡其裤加T恤。他告诉我微软垄断案是件“大事”。他自豪地说，微软案是1911年新泽西标准石油公司诉美国案之后最大的反垄断案。标准石油公司的诉讼旷日持久，法庭记录达到二十一卷之厚，最终最高法院以八比一判决将标准石油公司拆分为三十四家规模较小的公司。[18]这起诉讼发生在二十世纪初，当时新的工业技术发展迅猛，增长速度前所未见，面对这样的挑战，罗斯福的对策是拆分大公司。与之相似，微软案反映了里巴克所说的“网络效应”，二十世纪八十年代中期，盖茨创立微软，因为“网络效应”，微软到九十年代中期成为世界上最强大的公司。

里巴克冷笑着说：“那时微软的势力太大，连政府也怕它怕得发抖。”

里巴克说自己是“硅谷人”，以毫不妥协地捍卫技术创新而引以为豪。他承认，自己之所以找上微软，是因为看不惯他们打压灵活的创业公司，如互联网第一家获得商业成功的浏览器网景，后被美国在线收购。里巴克坚持认为，“创业公司有权将自己的创新技术呈现给消费者”。他说，创新是推动进步和经济发展的力量。

那历史是不是在轮回呢？当今出现了苹果和谷歌这样的新垄断企

业，我就此提问。

里巴克对历史颇有了解。他写过一本关于反垄断历史的书，十分引人入胜，名为《放开市场！为什么只有政府才能保持市场机制竞争性》(*Free the Market! Why Only Government Can Keep the Marketplace Competitive*)。[19] 书中他明确将十九世纪工业资本主义下“强盗贵族”的“过分行径”与电脑时代的网络经济放在一起对比。但是里巴克深谙现代历史，他不会认为历史像令人厌烦的网络潮流一样在轮回。

所以他承认，谷歌的确在很多方面可称作新的微软，对跟他一样的反垄断律师来说，存在的艰巨挑战就是为起诉山景城巨怪（谷歌）找到充分理由，和20世纪90年代起诉雷德蒙德野兽（微软的绰号之一）面对的挑战是一样的。但过去二十年，有两点发生了变化，令起诉谷歌的难度完全不同于起诉微软。

他解释道，第一点就是谷歌今天的信息技术比微软的软件“强大得多”。里巴克告诉我，与微软的操作系统或桌面排版软件相比，谷歌搜索、谷歌地图和其他谷歌产品与服务对个人生活的影响都大了十倍。他说，谷歌的技术“侵入性”要大得多，其商业模式是“给每个人建档”。

第二点是谷歌不仅技术更强大，在政治上也比微软任何时候都更有觉悟。他说，也许是因为谷歌的执行官们吸取了微软的教训——二十世纪九十年代微软因为态度傲慢，没有处理好和政府的关系。或者也可能是因为谷歌投入了大量资金在华盛顿进行游说，仅2016年一年，这一项投入就高达1500万美元，超过陶氏化学公司（Dow Chemical)、埃克森美孚（ExxonMobil)、洛克希德·马丁

(Lockheed Martin) 和其他互联网企业。[20] 一方面是对游说投入大量资金，另一方面，游说资金相关法律也发生了变化，特别是2009年联合公民诉联邦选举委员会案（Citizens United v.Federal Election Commission）放松了对商业机构资助联邦选举候选人的限制。里巴克说，在两者共同作用下，谷歌的批评者根本不可能得到政府一点儿的注意力。他认为，在当今亲企业的政治环境下，完全没有可能对山景城巨怪谷歌开展联邦反垄断调查。

里巴克告诉我这些的时候是2016年，特朗普还未当选为美国总统，华盛顿当前的这个更亲企业、更反对监管的新政府班子也还没有成立。有人预言，谷歌“可能会面对特朗普的反垄断调查”，[21] 因为奥巴马与谷歌的关系过于密切，特别是和谷歌执行董事长埃里克·施密特（Eric Schmidt）还是朋友身份。但是，因为影响力很大的彼得·蒂尔（Peter Thiel）是特朗普政府的技术政策顾问，调查谷歌垄断一事可能性极小。蒂尔是一位信奉自由主义的亿万富翁投资人，特朗普竞选总统时，硅谷只有他一个人支持，这一做法违反直觉，却也是他押宝最成功的一次。蒂尔公开支持垄断，他的畅销书《从0到1》堪称自由主义的宣言，书中蒂尔甚至似乎在说，政府的角色就是不要去干涉垄断企业，因为垄断有效率，能创造财富。

对于蒂尔说的这些垄断的好处，里巴克当然会强烈反对。所以他看到美国政府不愿打击赢家通吃的经济，感到十分不安。他沮丧地摇着头，说：“我们在美国已经改变不了什么了。我们钱不够。”

所以，里巴克认为维斯塔格在欧盟的作用十分关键。反垄断法律对“共同市场”有重大影响，他相信反垄断法律在欧洲比在美国更重要。因此，里巴克说，维斯塔格对谷歌搜索和安卓系统都提起了反垄断调查，这是把谷歌“捉拿归案”的重要一步。

美国经济创新能力令世界瞩目，政治体系却日益失灵，针对这点，里巴克痛惜地总结道：“如果要改变美国，就要从改变欧洲开始。”

欧洲也很有可能会率先改写反垄断法律，在这里，面对日益强大的技术游说集团，维斯塔格这样的监管者的压力要小一些。《经济学人》称：“反垄断机构应该从工业时代前进到二十一世纪”，改造反垄断实践以适应信息时代。[22]《经济学人》就此提出了明智的建议：除了涉及的企业规模，监管机构“衡量交易的影响时”，应将“企业的数据资产规模”也纳入考虑的范围。例如，2014 年，脸谱网以 190 亿美元收购了 WhatsApp，《经济学人》认为，因为该交易涉及海量数据，因此监管机构应该对这笔交易树“红旗”。

从二十一世纪的反垄断法律角度出发，维斯塔格这样懂得技术的监管者可能会用不同的眼光看待亚马逊。随着亚马逊的电子商务和网络服务业务迅速增长，亚马逊日益成为一家服务平台，提供数字业务所需工具，因此也将受到反垄断监管机构的审查。《经济学人》预测：“如果亚马逊的确成为商业服务平台，要求政府将其作为商业服务平台进行监管的呼声就会日益高涨。”随着亚马逊销售额和利润不断增长，监管机构无疑将越来越担忧其空前的经济实力。《经济学人》推测，如果亚马逊的盈利能力符合乐观的投资者期望，那么其盈利将“相当于西方所有上市零售和媒体公司利润总和的 25%”。[23] 如果亚马逊达到这样的市场主导地位，那么监管机构将不可避免地以标准的反垄断理由对其展开调查，特别是在欧洲。

加里·里巴克认为维斯塔格在欧盟的工作对于维持数字市场机制的竞争性十分重要，他当然不是唯一持这一观点的人。我在新加坡的时候见到了新加坡竞争委员会主任陶汉礼（Toh Han Li）。谷歌在新加坡的市场份额达到 80%，陶汉礼说，“私营公司垄断数据可能会带来危险”，他更支持由公共部门承担的“数据可迁移”模式。陶汉礼告诉我，已有人从反垄断角度在新加坡法院对谷歌提起私诉。但是他承认，新加坡竞争委员会规模太小，仅有约三十名律师和三十名经济学家，没有跟谷歌对抗的资源。

因此，陶汉礼和里巴克一样，也在等维斯塔格带头出手。她走到哪儿，他们就跟到哪儿。所以她做成的事不光是帮助欧洲治愈未来，也是在帮助美国和新加坡。

2015 年 10 月民主党党内初选辩论期间，伯尼·桑德斯（Bernie Sanders）和希拉里·克林顿（Hillary Clinton）曾有一次令人难忘的交锋。桑德斯告诉克林顿，美国有很多地方要从斯堪的纳维亚国家学习，他说：“我们应该看看丹麦、瑞典和挪威这样的国家，学习他们为自己的工薪阶层做的事。”

“我们不是丹麦。”克林顿傲慢地教训桑德斯，大概就是这种不懂审时度势的傲慢让她输掉了 2016 年的总统选举。“我爱丹麦，但我们是美利坚合众国，我们的职责是限制资本主义的恶劣行径，不让它为非作歹。”[24]

但克林顿错了。说来奇怪的是，正是丹麦在带头打击自由市场资本主义最恶劣的行径：世界上市值最高的两家跨国企业的行为不道德，甚至可以说不合法——苹果明目张胆地绕开欧洲税法避税，谷歌试图将整个数字媒体经济逼入绝境。

一个丹麦人自己的房间

维斯塔格的办公室位于欧盟新总部大楼的十五层，远离布鲁塞尔街头的武装部队、警车和反恐路障，一点交战地区的样子也没有。这个房间有一套公寓大小，墙上挂着抽象艺术，地上铺着色彩鲜艳的小地毯，摆放着几张舒服的沙发，边柜上摆满家人的照片，大部分是她在学校当老师的丈夫和三个年幼女儿的照片。她好像在欧洲行政中心开辟出了一小片丹麦天地，在不那么可爱的布鲁塞尔找到了一个藏身之处。布鲁塞尔《金融时报》的一位记者曾写道，这个房间“感觉hygge”——这是个时髦的丹麦语词汇，形容一种温馨亲密的感觉。[25]

这个房间尽管充满丹麦的温馨感觉，却是世界上决定全球技术行业未来走向最重要的地方 。我坐到其中一张沙发上，想起库克也来过这里，也许他当时坐的就是我身下这张沙发——几个月前，库克来到这里请求维斯塔格“公平处理”苹果向爱尔兰政府欠税一事。库克的一位同事说，那是苹果在布鲁塞尔遭遇过的“最糟糕的会面”。在这次对谈之后，维斯塔格给苹果开出了130亿欧元的罚金，是此前欧盟针对此类公司犯罪行为开出的最高罚款金额的十倍。一贯镇定的库克愤怒地回应说，维斯塔格的决定是“政治垃圾”。[26]

维斯塔格在打击垄断方面或许是泰迪·罗斯福的化身，但在外表上却和那位公麋党人① 完全不像。她身着一条日光黄色的裙子，像她的办公室给人的感觉一样温暖友好。她请我喝茶，比起在新加坡良木园酒店那次喝茶要轻松随便得多。这位非民选的反垄断专员向我解释了自己的政府哲学。她说，自己身处这个职位，代表的是五亿零

①即美国进步党（Progressive Party），1912年由西奥多·罗斯福成立，1916年解散。罗斯福说感觉自己“装得像一头公麋（Bull Moose）”，因此进步党也被称作公麋党。

七百万欧盟公民，强调自己对每个欧盟公民负有的责任感。她告诉我，她的母亲还在丹麦西部经营着一家小商店，身在政府，她的目标就是给母亲这样的普通欧洲人提供“参与经济和塑造自己人生的公平机会”。

她举起茶杯做敬酒状，说道：“一个好的社会，就是让每个公民都能追求自己的梦想。”

她相信需要平衡市场和政府。她说：“没有监管，没有执法，留下的只能是丛林法则。”她引用的是《大转型》作者波拉尼的观点，波拉尼警告过，一个完全自由的市场很诱人，似乎是伟大的乌托邦，但是却会带来不平等的后果。维斯塔格解释说，如果市场完全不受束缚，就会出现苹果、亚马逊和谷歌这样“赢家通吃”的企业。而且，完全不受监管的市场无法为初创企业提供任何保护，这与硅谷反垄断律师里巴克的观点不谋而合。

她承认，自由市场在未来的数字经济中确实扮演着重要角色。而她的监管工作重点是促进市场上的互联网创新，特别是初创企业的创新。她提醒我说：“谷歌曾经也是初创企业。”但是市场本身并不能保护创新，还需要她这样的监管者。

她对现在的网络经济模式持批评态度，说消费者是在用个人数据换取免费的服务和产品。应对这种监控经济模式，一个解决方法是重新引入传统的货币购买模式，让人们再次为报纸和其他专业网络内容付费；另一个解决方法是企业家开发专门保障隐私的数字产品——她称其为“有意为之的隐私”。维斯塔格认为，问题就在于世上没有免费的午餐，不管是线上还是线下。因此，消费者实际上是用自己的数据作为事实上的货币在为 YouTube 和 WhatsApp 这些“免费”的在线服务付费。这个问题不仅存在于互联网上。维斯塔格告诉我，因为不想把个人数据送出去，她注销了一家比利时超市的会员卡。维斯塔格对这些商店嗤之以鼻：他们“什么都知道，而你得到的全部好处，不过是洗涤剂打折罢了”！

和莫尔笔下的拉斐尔·希斯拉德（虚构的乌托邦岛向导）一样，维斯塔格也热爱旅行。“我是我们家的旅行代理人，”她骄傲地告诉我，“交通特别有意思。”她希望交通领域能成为数字信息共享的市政试验田，设想布鲁塞尔能建立一个“数据公域”，人们可以在此共享与交通和出行相关的其他问题的信息。她说，当前出行软件的问题，就在于优步、爱彼迎、来福车这些私营企业的数据都藏在各自的“筒仓”里，蒂姆·博纳斯－李也是这么批评当下的网络的。所以，她为布鲁塞尔设想的信息实验需要建立在公共数据库基础之上，并要求所有人公开共享所有数据。

她坚定地信奉莫尔定律，即个人有服务所在社群的道德义务。和本书中其他人一样，她以非常大方的态度承认自己的信念。维斯塔格相信，为了增进对体制的信任，我们一方面需要官员更有人情味，另一方面想要官员成为更能激励他人的模范领袖。和爱沙尼亚及新加坡的政策制定者一样，她的目标是重建统治者和被统治者之间的信任；而不同的是，爱沙尼亚和新加坡想通过数字技术实现这个目标，而维斯塔格采取的是更传统的策略，即以身作则，营造值得信赖的官员形象。

维斯塔格坚称，她身处的这个职位不是为了“服务在位者”，所以有时必须大刀阔斧地运用职权，并且直面冲突不退缩。她吐露，有人觉得这些从硅谷来的技术大企业势力太大，处理不了，但是她所做的一切不过是站在五亿零七百万欧洲公民一边，对抗这些规模以十亿美元计的跨国公司，如进行税务欺诈的苹果和非法打压小型竞争对手的谷歌。库克把这种做法叫作“政治垃圾”，但对维斯塔格来说，她身为公务员，要对自己社群的利益负责，打击大公司正是实现她的使命。

当然并不是所有人都赞成政府对社会实行干预主义。库克显然对此持反对态度。新加坡的创立者李光耀也不同意，他认为这种做法与自己的理念相悖。“西方人已经放弃了社会的道德基础，他们相信一个良好的政府可以解决所有问题。”他这样看待维斯塔格式的欧洲社会民主。“在西方，特别是第二次世界大战之后，人们觉得政府很成功，什么责任都能负得起，而在不那么现代的社会里，有的责任是家庭在负……在东方，我们的出发点是自立，而在当今的西方正好相反。政府打包票说，给我公众的授权，我就能解决一切社会问题。”[27]

你应该还记得，桑德斯更赞许这种对社会负责的政府。新加坡1965年才成立，没有太多可以沿袭的法律制度和传统，与之相比，欧洲，特别是斯堪的纳维亚，在十九世纪末就建立了社会福利制度。该制度直接应对当时的社会问题——农村人口流离失所、城市贫民窟问题多多、工厂里的生产条件难以保障安全、工薪阶层动荡不安——这些都是工业化自由市场早期历史的一部分。所谓的斯堪的纳维亚模式经过演变，出现了以下特征：公共支出水平较高、提供高质量公共服务、政府高度直接参与经济社会、官员信奉干涉主义、坦然无惧地追求公共利益，维斯塔格就是代表之一。

但我们先别急着说所有的美国技术企业家都信奉自由市场，向往放任自由的乌托邦。必须记住，有人同意桑德斯的观点，即政府能够促进创新。例如，美国在线创始人、二十世纪九十年代最杰出的互联网企业家史蒂夫·凯斯（Steve Case），他就相信创新的“第三次浪潮”，意思是政府在数字经济中需要发挥更中心的作用。

“我的观点很简单，”凯斯预言道，“政府将处于第三次浪潮的中心。”[28] 我们在旧金山见面时，凯斯告诉我，美国人应该学着更多地放手让政府做事。“我们确实需要从德国和斯堪的纳维亚国家学习。”

凯斯所说的美国创新第三次浪潮现在出现了一些征兆。很多工作正在围绕以下想法展开：创新者和监管者携手创造更好的公共服务。比如，洛杉矶市政府负责技术的最高官员彼得·马克斯（Peter Marx）正在领导一个项目，让政府成为交通业创新平台。马克斯是环球影业的前首席技术官，此前一直在私营部门工作，他说自己不是一个“典型的官僚”。身为加州第一大城市的首席技术官，马克斯正在推动实现“城市化身数字平台”这个设想，通过这个平台，洛杉矶通过GoLA应用软件发布所有经过匿名处理的出行“数据集”——包括每次逮捕、每个红绿灯的位置、每一张违规停车罚单——这样做是为了整个社群的利益。马克斯说这些开放数据是“坚固的储藏室”，“完全是脸谱网的反面”。他正在优步或来福车等私人企业基础上建设一个技术公共“堆栈”，并称其为“值得信赖的技术层”，类似杰奎琳·傅的团队在新加坡开发的智慧城市应用程序。

马克斯告诉我，GoLA提供的是“好公民的基础设施”。他的工作就是开放“城市基础设施”，让人人都可以使用。他声称，这款城市移动软件能帮助人们在洛杉矶更便捷、便宜地出行，是在“创造公域”。马克斯把这称为“可以实现的典型加州乌托邦”。这个项目确实就是维斯塔格梦想的数字公共平台，让交通数据造福市民。这个项目在洛杉矶得以实施，而且由在私营部门待了一辈子的技术执行官负责，这点太讽刺了。

数字公域的理想正在成为当前最敏感的政治问题之一。数字公共空间不容侵犯，这又和“网络中立性”这个争议话题交织在一起。网络中立性指的是政府或私营企业按照法律要求，须一视同仁地对待互联网上的所有数据。李光耀曾说：“在东方，我们的出发点是自立。”但是至少在当前的印度，法律要求政府保护数字公域的独立性。在印度，有关网络中立性的法律甚至导致了全国第一次针对硅谷大企业的激烈反抗。2016 年 2 月，印度政府通过法律禁止了脸谱网在印度提供 Free Basics 服务。这项网络服务看上去“免费”，实则为了推广自己的某些程序，而不是为了造福社会，违背了让所有印度人享受相同互联网服务的理想。

我在印度期间，遇到的每一个人——从风险投资人，到初创企业家，再到技术专家，都支持以网络中立性原则保护公共利益，但是对于政府一手承担保护责任这件事，有的人有疑问。沙拉德 · 沙马（Sharad Sharma）曾在班加罗尔做工程师，他创立了非营利网络 iSPIRIT，旨在建立帮助技术专家和生意人的联盟，沙马引用美国心理学家马丁 · 塞利格曼（Martin Seligman）的话说，这些人创造的产品能提高“有意义的幸福感”。沙马告诉我 iSPIRIT 同时得到了来自 Mozilla 和 Kauffman 两个基金会的支持，由九十五位受邀请的捐赠人资助，特别值得强调的是不接受风险投资人、政府或企业的资金。iSPIRIT 的目的在于“不用公共资金，创造公共数字产品”。沙马的愿景是让政府转变为中立“平台”，帮助创造促进公共利益的技术。他说，“所有的创新都是由各种元素组合形成的”，政府无法从上面一手做成。

我坐在维斯塔格的办公室里，提起她在慕尼黑 DLD 会议上关于

“互裂网”说的话——互联网分裂为数个不同的市场，遵守不同的经济规则，依照不同文化行事。

她耸耸肩，提醒我说我们现在已经有欧洲区了。我想她耸肩的意思是不存在通用的解决方法，没有哪套操作系统能解决全世界的数字难题。

“但是欧盟和美国社会的确有所不同，”维斯塔格说，“欧洲福利国家的传统是很重要的。我们欧洲人对于平等这个概念的看法也和美国人不同。我们的行为反映的是我们的文化。”

我们也许可以把这称为地理的报复。互联网早期的理想是建立全球电子网络，把生活在截然不同的地理环境中的人联合起来。博纳斯－李贡献出万维网，这样崇高的行为也是在践行这个神圣理想。但是，距离博纳斯－李把万维网送给世界已经过去了不止四分之一个世纪，在维斯塔格所说的世界里，技术实际上是保留甚至加深了传统的文化差异。

起源于美国的互联网是自由市场资本主义和威尔逊主义的邪恶结合，前者只追求自我利益，而后者抱着理想主义。今天我们在爱沙尼亚、新加坡、欧盟、印度，甚至是洛杉矶看到，在拥有完全不同传统的地方，互联网正在经历改造和完善。也许这本书应该叫作《如何治愈各种各样的未来》。

数字大分歧

维斯塔格当然是对的。她对未来的设想不论好坏，都带着鲜明的欧洲特征。用李光耀的话来说，欧洲笃信“良好的政府”是“解决所有社会问题”的唯一手段。当前，欧洲普遍用同样的理念来解决数字革命最棘手的问题——各种违法行为，包括垄断、假新闻、逃税、数据跨大西洋来回流动不受监管，等等，而最严重的是对个人数字隐私权的威胁。

这是欧洲和美国之间的数字大分歧——法拉德·马约奥称之为“分裂”，而约翰·诺顿称之为霸权被削弱。这一分歧至少发生在美国科技巨头和欧洲政府之间。欧洲议会前主席马丁·舒尔兹（Martin Schulz）说，可怖五大正在推动的技术会造成极大混乱，成为文化和社会的“破坏力量”。

“这些企业目标不仅是遵照社会现有的组织方式，而是要摧毁现有秩序，并代之以新秩序。”关于脸谱网、亚马逊、谷歌和苹果的所谓破坏意图，舒尔兹说道。[29]

所以，正如维斯塔格在布鲁塞尔开辟出一个丹麦风格的房间，她同舒尔兹这样的官员也为欧洲的数字未来开拓出避难所，抵御来自硅谷的破坏力量。

维斯塔格发起的抗击谷歌的战争，战火已经烧到多条战线上，谷歌以广告为中心的商业模式日益受到监管的威胁。2016 年 5 月，法国检察官突击搜查了谷歌的巴黎办公室，调查起因是据称谷歌对法国政府欠缴 160 亿欧元税款。[30] 布鲁塞尔已就在线收集用户数据出台了更严格的隐私规定，谷歌网络广告模式现在受到更严格限制。布鲁塞尔还准备立法要求用户在接收谷歌的在线广告时，必须可以选择是否“主动选择接收”。[31] 欧盟甚至在考虑对新闻片段征税，也就是所谓的谷歌税，如果对在线版权法进行修订，谷歌就得先向报纸和出版社付费，才能在搜索引擎和 Google News 服务上显示新闻内容片段。

2017 年法国和德国举行总统选举，面对普京的网络巨魔发布的假新闻的威胁，欧洲监管机构加大了工作力度，要求脸谱网和推特等主要社交媒体网络为自己平台上出现的假新闻负责。两个法国记者把这些假新闻称作 la fachosphère①。2017 年 1 月，爱沙尼亚前总理安德鲁斯 · 安西普（Andrus Ansip），现任欧盟数字单一市场（Digital Single Market）委员，警告脸谱网和其他社交媒体说近期的假新闻，比如病毒式传播的特朗普竞选获得教皇支持这一假消息，意味着网络媒体的可信度遇到了“转折点”。安西普敦促社交媒体公司为自己的行为负责。他说，如果这些平台要保持信任，就必须对内容进行自我监管。[32] 此外，他也在考虑其他对策。幸运的是，唯一不在欧盟考虑范围之内的，是对社交媒体进行积极审查。也许是因为他的祖国爱沙尼亚曾被苏联统治，安西普说：“假新闻很恶劣，但是真理部更恶劣。”[33]

《经济学人》冷冷地提醒我们，“现在不是 2005 年了”——这个世道，各种各样的暴力狂热分子都在网络上大肆招兵买马，“监管机构必须在安全和自由之间努力找到平衡”。[34] 无疑，现在需要比自我监管更严苛的手段。一位布鲁塞尔的数字权力活动家写道：“只有自己利润受损，脸谱网才有动力删帖。”[35]2017 年 5 月《卫报》的一篇报道也是持这个观点，该报道引用了一份脸谱网内部文件，说“只有我们在一国面对被屏蔽风险”或面对“法律风险”的时候，管理员才需要屏蔽或隐藏否认纳粹对犹太人大屠杀的内容。[36]《卫报》发现，脸谱网只在四个国家隐藏或删除上述内容，因为害怕被以发布此类内容为由起诉：法国、德国、以色列和奥地利。所以，脸谱网这样的私营超级大公司只会出于对现实政治的考虑做出回应。要让这家公司承认自己是

①法语，“极右”的意思。

媒体公司，只能把它当作媒体公司对待，并起诉它发布违法内容。指望脸谱网按良心办事，基本上可以说是痴心妄想。

因此，德国政府 2017 年 10 月通过立法，规定社交媒体网站和搜索引擎出现违法、种族主义或诽谤信息时，如果不在被标记的二十四小时内删除，则可能面临最高 5700 万美元的罚款。德国司法部长海科 · 马斯（Heiko Maas）说，该法律的目的是对线上和线下的违法言论实行同样处罚。该法律生效前几个月，马斯解释说："该法律将终结网络违法言论的乱象，保护所有人的言论自由。"[37]

其他欧洲国家也在积极打击假新闻。英国议会成立了下议院专责委员会，"盘问脸谱网管理人员"在假新闻传播中扮演的角色。[38]捷克共和国将于 2017 年年底举行普选，也遭遇了无疑是花哨熊黑客团策划的信息战。捷克计划在投票以前建立打击假新闻的特别工作组，打击故意在互联网上传播假消息的行为。[39]

社交媒体上种种假消息、兽交、对儿童性虐待、斩首视频层出不穷，已经导致了全球范围内的狂怒，各国威胁说将对传播这些新闻的公司进行罚款。幸运的是，各方努力最终有了效果。2017 年 2 月，脸谱网开始和非营利媒体初创公司 Correctiv 合作。这家公司位于柏林，正在开发能通过核查事实识别假新闻的软件。[40]2017 年 4 月，克利夫兰一起涉及谋杀的视频在脸谱网上挂了数小时才被删除；还有人在脸谱网上发布了泰国某男子杀害自己十一个月大女儿的视频。为了应对这类内容，这家大公司将采取措施积极规范内容。2017 年 5 月，德国宣布通过新法律，将惩罚网络上的仇恨言论作为回应，马克 · 扎克伯格宣布脸谱网将在现有四千五百名内容管理员基础上，再雇三千名编辑，对用户生成内容进行审核。[41]现在脸谱网需要做的就是给这些编辑人员付合理的工资，因为这份工作如此重要，又对情绪干扰极大。一名脸谱网编辑人员抱怨道，“我们工资低，又不受重视”，每小时工资只有十五美元，“工作却是打开电脑看人被砍头。每天、每分钟，看的都是这些。那可是砍头的视频啊”。

在隐私方面，法国、西班牙、荷兰、比利时和德国等多个欧洲国家的官员正在对脸谱网开展长期调查，试图搞清该公司对待用户数据的模糊态度。[42] 欧盟也在严厉打击美国通信软件，如脸谱网旗下的WhatsApp和塔林开发、现在微软旗下的Skype。2016年8月，欧盟宣布将扩大隐私法规使用范围，以前只适用传统通信服务，今后将扩大到WhatsApp和Skype这样的应用软件。[43] 次月，德国政府命令脸谱网不得继续收集德国约两千五百万WhatsApp用户的数据。[44]

2010年，一名奥地利毕业生麦克斯·施雷姆斯（Max Schrems）为撰写一篇关于欧洲隐私法规的论文，让脸谱网将所有与自己账户有关的数据发给他。脸谱网发给他一份2000页的PDF记录，包含他登录自己账号的所有IP地址，还有通过同一台电脑登录其他脸谱网账号的信息。报告还包含他发出和收到的全部消息，收到过的“戳一戳”，甚至还有他以为自己已经删除的内容，还有他确信自己从未提供的个人信息。[45]

2013年，施雷姆斯对位于爱尔兰的脸谱网欧洲总部提起诉讼。2015年，欧洲法院对该隐私案做出判决，施雷姆斯胜诉，这个具有里程碑意义的判决结果意味着欧盟和美国签订的“安全港”协议失效。该协议为期十五年，允许数据跨大西洋自由流动。《金融时报》引用了斯诺登对胜诉的贺词，他将判决结果称为“跨大西洋数字关系的分水岭”。[46] 现在，只要是在欧洲发布的内容，至少是互联网上的内容，都不能出欧洲。欧盟和美国之间，至少在数据跨大西洋的自由流动上，是正式分道扬镳了。

不过这些新的法律法规，不论在范围还是力度上，都比不上一部新法案，即《通用数据保护条例》（*the General Data Protection Regulation*，简称 GDPR）。这是欧盟抗击硅谷破坏力的最重要手段。2016 年 4 月，欧洲议会、欧盟理事会、欧盟委员会经四年谈判，通过了 GDPR。该法律将于 2018 年生效，并适用所有成员国，确保隐私成为欧洲网络社会的“常规”。GDPR 旨在保障所有欧盟居民个人数据受保护的“基本权利”，让技术专家所说的“社交档案”回归个人手中，彻底扭转当今数据局面。数据将不再被大公司把持，我们不仅将拿回自己数据的所有权，还可以删除数据，走到哪里就把数据带到哪里。用里巴克的话来说，谷歌不能再单方面“给每个人建档”。有人在呼吁美国国会立法通过相似的“社交档案迁移性法案”。[47] 如果国会参照欧盟 GDPR 模式立法的话，是很明智的做法。

GDPR“让隐私成为常规”，为隐私和数据搭建了一个全新的生态系统。对于网络上的个人数据到底属于谁，新加坡的智能国家项目态度有点模棱两可，而 GDPR 态度清清楚楚：数据是我们的，只属于我们自己。互联网会成为这样的地方：个人隐私不仅是常态，而且是最重要的原则。当前法律缺乏清晰性，因此个人数据被如何使用，要靠个人自己去弄明白。而 GDPR 实施之后，网上的数据被用来做什么，大型数据公司对此要负全责。用欧洲议会的话来说，该法律“将方向盘交回公民手中”，以法律形式保障伊尔维斯所说的数据完整性。

GDPR 明文将被遗忘的权利载入法律，给用户删除网上个人数据的权利。必须在个人表示“清晰和肯定的同意”时，数据公司才能处理其私人数据。该法律条款要求，如果个人数据遭到非法侵入或改动，则企业必须告知个人；个人有权将数据转到其他服务提供商处；并提出警告，对违法企业的罚金最高可达其全球营业额的4%。

我在布鲁塞尔时也和欧盟委员会数字社会、信任和网络安全（Digital Society，Trust and Cyber Security）司司长保罗·蒂莫斯（Paul Timmers）交谈过，他向我反复强调GDPR的重要性。用他的话来说，“数字”正在成为欧盟所有政策领域的“主流”，从能源到医疗，从交通到教育。他说，目前面临的挑战就是通过执行这部新法，在个人数据方面建立信任，复制爱沙尼亚的成功。他补充道，如果GDPR执行得当，将激发大量围绕隐私的创新。他提醒我，信任是数字时代“最重要的货币”。他预言，如果哪位才俊能以维斯塔格的“有意为之的隐私”为基础建立新企业，必将成为下一个贝佐斯或扎克伯格，他的公司也将成为数字时代的下一个亚马逊或脸谱网。

那么，我们如何看待这些新法律呢？有一部分价值极大，例如欧盟决心详细调查脸谱网到底如何使用用户数据；让社交媒体为发布在自己平台上的假新闻负责。事实上，在安西普专员提出警告，并且德国议会威胁要罚款之后，四家美国公司——谷歌、脸谱网、推特和微软，都签署了欧盟的“行为规范”，不仅承诺在非法仇恨言论发布二十四小时内删帖，还承诺会发布“正版新闻”以纠正假新闻带来的影响。[48]

部分案例，比如施雷姆斯案，反映出斯诺登曝光美国国家安全局监控项目后，公众对隐私的偏执，爱沙尼亚总统伊尔维斯称之为“妄想被迫害的轩然大波”。还有部分法律发挥的作用说实话是背道而驰，比如欧盟的谷歌税就特别适得其反，因为这样会减少出版商的网络阅读量，最终损害他们的利益。西班牙通过法律，规定对谷歌使用的新闻片段收费，结果谷歌被迫关闭了西班牙的Google News服务，监管机构这种欠考虑的做法导致网络出版商失去了10%至15%的网络流量。[49]

但是最大的问题在于这些法律法规能不能实现维斯塔格的目标，为欧盟的创新技术企业家提供公平的竞争环境。《金融时报》就施雷姆斯案判决结果提问道："这会帮助欧洲的初创公司，还是会害他们？"[50]这个问题涉及数十亿欧元，特别是提问的背景是2018年GDPR就要实行并会带来重大变化。

欧盟这些新的法律法规，是会治愈未来还是破坏未来？欧洲即将到来的是创新的暖春还是监管的严冬？

创新的老大哥

雷娜特·萨姆逊（Renate Samson）是"老大哥观察"（Big Brother Watch）的首席执行官。这是一家专门做网上隐私保护的英国公民自由组织。我在布鲁塞尔的时候，她给我发了邮件。她知道我在写一本讲治愈未来的书，很慷慨地提出要主动帮我做调研。

她的邮件说："我觉得伦敦有些初创公司你应该见一见。要不要过来跟他们聊聊？"

我是在前一年的一个活动上遇见这位热情洋溢的女士的。那次活动在周末举行，来自大西洋两岸的参会者讨论了数字经济中私营部门的责任。活动是非公开的，在牛津附近的迪奇里（Ditchley）举行，这是一座乔治王时期风格的庄园，修建于十八世纪，第二次世界大战期间丘吉尔大部分时候都在这里。活动规模不大，只有受邀才能参加。出席者有苹果和推特等硅谷企业的公共政策主管；美国负责政策制定的高级官员，如美国负责反垄断的政府机构——联邦贸易委员会(Federal Trade Commission，简称FTC）委员朱莉·布里尔（Julie Brill)；还有萨姆逊这样的公民活动家。这个周末给人很大启发，用外交辞令来说就是，来自政府、私营企业和公民组织的代表进行了“坦率的交流”。萨姆逊特别公开批评了私营企业的业务做法“不可靠”，试图用人们的数据“牟利”。

我感到很好奇，萨姆逊是老大哥观察的负责人，这家非营利机构的宗旨是保护网上隐私不受政府和私人企业监视。为什么她介绍我认识初创技术公司呢？从她在迪奇里的发言来看，说到底这些企业对数据永无满足，利用我们的个人信息牟利，老大哥观察正是要保护我们不受这些人利用啊。

身为连续创业者，我对一件事情很确定：技术界没有原创点子。我很肯定，我想出来的任何“原创”创业点子，都已经被世界上不知道多少个企业家同时“发明”出来了。遇到天时地利，某个新点子会同时出现在许多人脑子里，看似机缘巧合，几乎像是上天的安排。所以，二十世纪九十年代中期每个创业者（包括我自己）——不仅是某个想建立网上书店的聪明的年轻金融分析师——都有过建立电子商务网站的疯狂想法。十年后，很多聪明的极客——而不仅仅是哈佛大学宿舍里某个特别聪明的人——都曾经灵光乍现，发现世界上还没有网络社交平台。今天，AI热横扫硅谷，我做风险投资的朋友告诉我，他们一天到晚听的推销都是“我的智能自动化创业公司会给世界带来一场革命”。

所以当我听到萨姆逊向我介绍的第一个创业团队介绍自己时，感觉有一点儿不安，他们兴奋得呼吸加快，告诉我他们是一家“率先”做“丰富数据”（enriched data）的公司，说他们的初创企业“最终”将赋予个人“拥有和控制自己数据”的能力。这两位企业家人届中年，经验老到——一位曾在某跨国媒体公司亚洲办公室任管理层，同时也是天使投资人；一位是某国际管理咨询公司合伙人，曾任一家大银行的研究部主管。虽然人届中年，他们说到新产品却毫不掩盖自己的热情，像是兴奋的青少年一样。

两位企业家告诉我，“政府能做到的最好程度，就是出台赋权的法律”。他们解释说，技术现在已经很便宜，不需要再用公共资金去开发新产品和服务。一旦 GDPR 这样的法律就位，剩余的工作就可以交给私营部门了。

他们的初创企业核心技术就是维斯塔格所说的“有意为之的隐私”，其技术基础是一家美国防御技术公司开发的“自动保险”，像安全数字保险箱一样，人们可以把个人网上数据安全地存储起来。这个保险箱不会接触也不会保存我们的个人信息，而是对数据进行加密，保证其安全性和可迁移性。这个技术的设计者称之为后 GDPR 新数字经济时代的“管路系统”，在这个新时代，隐私成为新常规，而信任成为新货币。

对这点老大哥是什么态度呢？第一个创业团队离场之后，我问萨姆逊。

“我们总得相信什么吧。”她这样回答。她的意思不是要盲目崇拜自由市场，或者把兰德式[①] 的企业家偶像化，也不要把创业公司推销

①指俄裔美国小说家艾茵·兰德（Ayn Rand）作品中的典型人物形象，其特点是信奉极端个人主义，理性、聪慧、自律、决断，身体高大强健，正直不阿。

中常提到的自由主义观念奉为圭臬。萨姆逊说我们总得相信点儿什么，指的是受二十八个成员国五亿人民实实在在认可的法律。这一法律的宗旨是数据保护，彻头彻尾地改变了监控经济，力图实现萨姆逊追求的目标，甚至可能让老大哥观察这样的机构失去存在的必要。

第二家企业的创始人是一位自主创业的前电信公司管理层，借用纽约洋基队游击手约吉·贝拉（Yogi Berra）的话来说，听了他的展示“感觉似曾相识”。我们仿佛又回到了一切皆有可能的 1995 年。甚至他开场的许诺也是司空见惯的那种，说自己的企业将成为“率先”为“人们”创造产品的数据公司。之后，他和前面两人一样热情地讲到 GDPR 的重要性，说该法律会创造新的隐私生态系统，并解释说，自己的这家公司在这部法律通过之前是不可想象的。他的结束语也是一样的调子——现在的大数据经济缺的是信任，而他的产品将为网络世界重建信任。

我不知道这两个公司能不能成功。可能会，也可能不会。身为创业者，我对另一件事也很确定，那就是预言别人创业能不能成功是绝对说不准的。我见到他们是在英国脱欧公投之前，所以到了 2018 年，很可能这几位英国创业者就得把自己的企业搬到布鲁塞尔、巴塞罗那、布达佩斯或者柏林了。但关键是在欧洲各地，从布鲁塞尔到巴塞罗那，从布达佩斯到布里斯托，因为政府立法完全改变了数字经济，各处的企业家正在发现创新的机会。到某个时候，当某人开发出让隐私成为常态的产品，那么他的企业将会大获成功。毕竟，如萨姆逊所说，没人想要自己的一举一动处于别人监视之下。

虽然互联网现在的种种机会让我想起 1995 年，但现在和那时有一个重要的区别。第一次互联网革命纯粹是由自由市场发挥作用的，而今天我们身处凯斯所说的第三次浪潮，他说政府“看得见的手”将对数字企业的成功起“中心”作用。到 2018 年，除了最顽固的自由主义者，也许每个人都能显而易见地看到，监管其实就是创新。对于那些想要推翻大企业赢家通吃现状，建立一个更公平世界的人，如凯斯或维斯塔格，这绝对是好消息。

我想，不会是所有人都认为立法是治愈未来的最好方式。有人会说，亚当 · 斯密的“看不见的手”也就是自由市场，而不是凯斯的“看得见的手”，才是保障创新的最好手段。也许吧。为验证这个理论，让我们回到旅程的起点——柏林老地毯厂，这里聚集了德国最具创新精神的数字企业家，他们支持自由市场，在这里参加“加密与去中心化”会议。

第七章　竞争性创新

再次去中心化

柏林老地毯厂顶楼内部装修成时髦的工业风，在这里可以俯瞰东柏林。来到这里，似乎回到了 1995 年。虽然从莫斯科传来的视频中，斯诺登提出的警告颇有末世感，但“加密与去中心化”会议上，大家对数字革命这个旧梦，还是充满了新的乐观气象。参会者希望去中心化和加密技术能够给我们带来斯诺登所说的“自主权”，去重塑互联网经济。借用万维网发明人博纳斯 - 李的话，他们的愿景是让经济权力“再次去中心化”，回到网络最初的样子——权力处于网络的边缘，而不是中心。

蓝庭资本的会议邀请函上印着：“我们不仅需要把价值观付诸文字，也要写入互联网的代码和架构之中。”这些“价值观”不仅是道德上的价值观——也是自由市场的价值观。活动上，纽约风险投资公司合广投资（Union Square Ventures）创始人、主管合伙人布拉德 · 伯恩汉姆（Brad Burnham）做了主旨发言。他告诉柏林的现场观众：“资本主义最大的好处就是它是唯一的选择。”

所以，至少在伯恩汉姆看来，现在能重塑数字经济的，不是像维斯塔格领导的欧盟监管机构这只“看得见的手”，而是市场这只“看不见的手”。伯恩汉姆说：“我们现在生活的世界和 1995 年相似，这是一个小公司的年代，是自下而上发生创新的新时代。”

我之前已经提到过，在技术界没有原创的点子可言。正在迅速塑造当今技术界时代精神的，是博纳斯－李和伯恩汉姆的去中心化观点。这个观点认为，为了进步，我们必须回归网络最初的原则；为了治愈未来，我们要回到 1995 年。

你应该还记得，柏林举行会议的那个月还有另一场会议——在旧金山互联网档案馆总部召开的“去中心网络峰会”，博纳斯－李和 TCP/IP 协议的发明人文特·瑟夫都参加了会议。似乎大西洋两岸的每个人都对未来怀着怀旧般的憧憬。“互联网的创造者想重塑它”，《纽约时报》这样形容 2016 年 6 月召开的这次会议。会议上，隐私保护主张者和点对点技术（如区块链）开发者聚到一起，讨论“互联网的新阶段”。[1]

这次活动的主办人、互联网档案馆创始人布鲁斯特·凯尔相信，现在正是对数字权力再次去中心化的好时机。我去旧金山内列治文区他的办公室拜访时，他告诉我，未来终于追上了我们。他说：“现在是最终创造去中心化网络的时候了，方法就是把价值观写入代码本身。”他说，这并非“轻而易举”，但能实现。

凯尔告诉我：“我问文特·瑟夫，建设最早的互联网有多难，瑟夫回答说。‘一屋子五六个人做了一年。’”

关于最早的数字革命，凯尔坦言，第一次的时候，“我们把个人创造者靠自己的成果赚钱这事搞得太难了”。他说，当时的错误就在于网络失去了服务用户的能力。“我们现在能比当时做得更好，让用户每次点击链接不再有安全隐患……让在线音乐和视频不再被 iTunes 把持。”

数字领域许多其他的开拓者也希望实现网络的再次去中心化。麻省理工学院公民媒体中心（Center for Civic Media）主任伊森·祖克曼（Ethan Zuckerman）也是创办互联网的一代极客中的大人物，他相信中心化和去中心化这两股力量间的角逐，早在1993年就在数字经济中出现了。当时的互联网是一片未开垦的土地，没有固定的规则可言。我到祖克曼在马萨诸塞州剑桥的办公室去拜访他时，他告诉我："我这种老派的网络乌托邦主义者，当看到互联网本质上并不是去中心化时，感到非常失望。但是要建立一个相反的网络，又很困难。"和其他理想主义者一样，他也对当今网络经济的整个体系持批判态度。他说，谷歌、YouTube或脸谱网等公司本来已经赢家通吃，我们对广告业务模式的过度依赖，又让这些公司越发膨胀。他说，我们发布的内容越多，这些公司就越是说了算。所以当今网络面对的根本问题不是技术，而是网络的主流业务模式。因此我们要解决的挑战是重建一套互联网经济模式。这要求我们重新设计数字经济的整个生态系统——从免费内容和免费服务，到无处不在的广告和监控。

柏林的"加密与去中心化"会议主旨是为网络时代畅想一个更好的数字生态系统。但与凯尔和祖克曼满怀希望地描述的抽象前景不同，柏林所有的讨论说的都是正在成形的数字新世界，一个真正的测试版世界。伯恩汉姆的主旨发言名为"网络效应和数据封闭之败"，讲的是最新的技术正在如何将数字的时钟拨回更有创新精神的时代。正是"网络效应"和"数据封闭"让二十世纪九十年代中期开放的网络逐渐成为让博纳斯－李埋怨的数据"筒仓"——造成亚马逊、YouTube和优步这样的中间商大企业赢家通吃。而伯恩汉姆说，大企业即将"瓦解"，因为区块链这样的新技术和其他"网络协议"正让这些中间商（他称之为"中心化数据管理服务商"）变得多余。

伯恩汉姆预言道，数字中间人的时代结束了，再会吧！他在讲话中提到的协议之一是开源的星际文件系统（InterPlanetary File System，简称IPFS），该系统的目的是建立永久性、去中心化的文件存储和共享途径。通过 IPFS及类似协议，独立用户之间可以在线交换数据，实现“去中心化的市场机制”。还有一种是去中心化自治组织（Decentralized Autonomous Organizations，简称DAOs），比如比特币和以太坊等存在争议的、以区块链技术为基础的点对点货币。这些网络平台让银行或政府机构这样的中间机构失去了必要性，正在让我们回归博纳斯－李对网络最初的理想，也就是为用户建立一个公平竞争的环境，权力和用户一样，处于边缘。

伯恩汉姆的演讲结束后，我和他走出老地毯厂，走进一家露天啤酒店，俯瞰施普雷河。我问他的第一个问题是，当前是否在重复1995年的历史，这个问题我也问过里巴克。

伯恩汉姆举起啤酒瓶，借用马克·吐温的话回答说，历史不会重演，但是却“惊人地相似”，总是处于不断创新循环之中。他解释说，1995年，由微软主导的台式计算机市场变成了由网络定义的市场。原先以软件包为中心的业务模式逐渐转为以开源技术为中心——谷歌和脸谱网等Web 2.0企业在这一转变过程中崛起。而今天，我们又有了能撼动现状的新技术，即将打破Web 2.0革命中的赢家在市场上的主导地位。

伯恩汉姆的合广投资通过投资Tumblr和推特，获得了数十亿美元的回报。他和里巴克一样，都是对垄断的批评者。但与身为反垄断律师的里巴克不同，伯恩汉姆纯粹是出于财务上的原因才持批评态度。他解释道，风险投资人有责任为投资者带来最大回报，而当今的数字经济被寥寥数家大公司把持，不仅对其他所有人不好，对风险投资人也不好。所以让风投业务更上一层楼的唯一途径，用他的话来说，就是找到再次“打开”市场的“机制”。伯恩汉姆承认，在更开放的未来，企业也许规模更小，但是赢家更多，专业投资人的回报也更高。

那怎样才能改变呢？我问。

与维斯塔格和里巴克相反，伯恩汉姆相信自由市场能解决目前中间商把持市场的问题。在他看来，这种中心化服务企业管理数据的业务模式说到底是有缺陷的。他说，如果亚马逊或优步增加自己的“进项”，现状会更糟糕。拿优步来说，因为优步的条款越来越苛刻，压缩了司机的收入，因此司机最终会推动这个行业变化。可以设想，他们会转头进入与优步存在竞争的去中心化市场。这种业务非常新，一家名为Slock.it的德国初创公司可能会做成，他们正在建设以区块链为基础的“全体共享网络”(Universal Sharing Networks)，人们可以借此绕过优步或者爱彼迎这些公司，直接提供打车服务或者出租房屋。[2]

“但是究竟是什么时候呢？”我问道。这个能把网络权利交还给用户的新生态系统什么时候能出现呢？

什么时候？对一个风险投资人来说，这个问题价值数百亿美元。时机就是一切。最关键的甚至都不是Slock.it这样的新锐企业的商业模式。毕竟伯恩汉姆坦白说，他投资推特的时候，这家短消息发布平台都不知道自己要靠怎么赚钱。说到底，时机决定成败。在风投行业，要么总是投得太早，要么就是太晚。

“投资成功都是按照一定规律来的。”伯恩汉姆这样向我解释市场上的重大变化是怎么出现的。“没动静，没动静，还是没动静……然后突然出来个大事件。”

在“加密与去中心化”会议上，没有什么迹象表明改变一切的大事件要发生。当然有很多关于技术的抽象讨论，讲“分布式云系统”啦，“区块链数据库”啦，“DAO”啦，“IPFS”啦，还有这种种技术如何组合用于遥不可及的“堆栈”。但是没有哪种技术已经表现得足够成熟，足以形成整体系统以支撑人们想要又易于使用的产品或服务。这样的前沿技术会议都有一个特点，很难区分会上究竟是炒作还是现实，而且恐怕往往都是炒作。

会议最后一天有个专题讨论是“利用内容盈利的可持续方式”。其中一位组员是蒂姆·舒马赫（Tim Schumacher），他是科隆公司Adblock Plus的联合创始人和执行董事，Adblock Plus是一个开源应用软件，能够拦截浏览器上的广告。舒马赫参加这个专题讨论是要讲自己公司和瑞典微捐赠平台Flattir的合作。不过在开始讨论之前，舒马赫请用过Adblock Plus产品的观众举手。

坐在柏林老地毯厂顶楼的每个人，真的是每个人，都举起了手。在伯恩汉姆说的“自下而上创新的时代”，他们所有人都在用这一技术为自己赋能，屏蔽网络广告——当今常规业务模式的核心。所以他们不仅要证明当前的互联网业务模式不成功，还要证明德国也许能设计开发出一套全新的系统来。

打赢后半场战斗

我和舒马赫约在科隆大教堂广场见面。科隆大教堂是该市游客最多的标志性建筑，也是欧洲北部最大的教堂，哥特式的屋顶直向苍穹，令脚下的广场相形见绌。科隆大教堂有世界上最大的正面，教堂主体在 1248 年和 1473 年之间建成，最终建成是在 1880 年德意志帝国统一之后。[①] 名列世界文化遗产的科隆大教堂不仅向我们展示了德国伟大的工程学遗产，也告诉我们，德国在重整长期合作项目方面有丰富的历史。

重整文化当然不是德国独有的，却是欧洲这个人口最多、最繁荣的国家长期以来的历史特征。德国的经济成就，特别是十九世纪晚期的成就，几乎都是效仿更早的英国革命，不同之处在于英国的经济发展缺乏章法和秩序，而德国采用了顶尖的技术，并且有计划地对工程、基建和科研投资。

今天，同样的叙事似乎也可以用来说明德国在世界数字经济中角色的逐渐发展。“德国做数字经济吗？”对于德国这个在工程学上领先世界的经济体，《经济学人》问道。1995 年，这个问题的答案显然是否定的；但今天，就没那么斩钉截铁了。德国电信（Deutsche Telekom）首席执行官蒂姆修斯 · 霍特格斯（Timotheus Höttges）承认：“主宰数字世界的上半场战斗德国已经输了。”所以他说，现在的问题是，“怎么打赢后半场”？[3]

这个问题当然很重要。德国管理咨询公司罗兰 · 贝格（Roland Berger）估计，如果德国经济的数字转型失败，每年会损失 2200 亿欧元的收入。[4] 今天，世界上 174 家独角兽公司（优步或爱彼迎等由私人持有、价值超过十亿美元的企业）中，只有四家是德国公司。面对物联网革命，面对每年数十亿联网设备涌入市场，德国制造业的主要领域都很脆弱，特别是汽车制造业。该行业规模达到 3610 亿欧元，占

①作者原话如此。德意志帝国统一应是在 1871 年。

德国产业收入的20%，雇用超过75万名工人。思科预计，到2020年，物联网中智能设备的数量将达到五百亿。二十一世纪二十年代和三十年代，设备数量还会多得多。德国把这一阶段称为工业4.0，即水力和蒸汽能、大批量生产、信息技术革命之后的工业革命的第四个阶段。对于德国这个领先世界的工程大国，工业4.0至关重要。甚至德国总理安吉拉·默克尔也经常强调需要把德国的Plattform-Kapitalismus（平台资本主义）数字化。2016年4月，默克尔表达了对如何在数字时代赢得竞赛、占据主导地位的忧虑："这个时期将决定世界领先的工业中心未来的实力，我们必须打赢这一仗。"[5]

德国该怎么赢得数字游戏的后半场呢？答案也许就在于，德国在历史上一直有成功地借用并重整他国技术革命成果的传统。《硅谷德国》（*Silicon Germany*）作者克里斯托弗·基斯（Christoph Keese）说，"德国的强项是渐进、递增式创新。"因此，虽然德国在上半场数字竞赛中几乎跌出记分牌，但是该国最大的成功在于复制了硅谷创新模式。总部位于柏林的火箭互联网公司（Rocket Internet）于2007年由三兄弟——马克、奥利弗和亚历山大·扎姆韦尔（Marc，Oliver，and Alexander Samwer）创办，是一家产业级别的初创公司孵化器，专门在世界各地复制美国电子商务公司模式。火箭互联网旗下有一百多家公司，活跃在110个国家，雇用3万名员工，市值达到30亿美元，本质上就是复制其他人的点子，然后有效执行并实现。

扎姆韦尔兄弟的火箭互联网受到不小的争议。问题就在于，这家公司更多是克隆别人的创业项目，并不是真正在做重整。德国企业如果想打赢下半场，就不能只是照搬其他人的想法。伯恩汉姆在"加密与去中心化"会议上说，现在的挑战是重整整个生态系统。对德国公司来说，这个挑战令人生畏。典型的德国公司仍然抱着自上而下的思维，认为经济分隔为一个个独立的“筒仓”。领英（LinkedIn）创始人里德·霍夫曼（Reid Hoffman）打趣说，二十一世纪每个公司都是技术公司。不管喜不喜欢，每个技术公司都得和别的技术公司竞争。拿汽车行业来说，德国汽车制造商最紧迫的挑战在于，今后驱动无人驾驶车辆的是软件“堆栈”，到时他们的位置在哪里？如马克·安德里森所说，现在的经济中，软件正在吃掉一切，因此在自动驾驶汽车的新生态系统中，德国汽车制造商的挑战是避免沦为“堆栈”底层的商品化硬件。对奔驰和宝马来说，如今最危险的长期竞争来自硅谷。威胁它们存亡的不是丰田或福特，而是有可能被谷歌、特斯拉或苹果的算法吃掉。

2013年，默克尔把十五岁高龄的互联网称作Neuland——意思是“新土地”或“未知领域”，她也许借用了莫尔的《乌托邦》中的说法，说完遭到数字行业专家居高临下的嘲笑。但是默克尔说的话一定程度上是正确的。如果德国要赢得比赛下半场，互联网就必须再次变成未知领域，互联网的一切常规都要受到挑战。在熊彼特主义的资本主义经济中，创新永不停歇，互联网打破了旧的产业局面，现在该让外来者来打破互联网现状了。

让我们回到大教堂广场上去同舒马赫会面。我们约见的地点是毗邻大教堂的一家意大利咖啡馆。令人遗憾的是，开阔的科隆广场最近成了世界上最令人闻之色变的地方。2015年12月31日夜里，这里发生了暴乱，数个几乎都是移民的男性团伙包围和性侵了在这里庆祝新年的女性。所以在这个寒冷的大风天下午，广场上除了骑自行车的孩童、一群群亚洲游客、身着黄色T恤的哈瑞奎师那信徒之外，广场中央还停着多辆标着 Polizei 的蓝色警车在维持秩序。

德国人舒马赫人很谦逊，轻言细语。他一边喝茶一边告诉我，互联网上正在出现全新的出版生态系统。这个系统建立在 Adblock Plus 平台、瑞典内容共享平台 Flattr 和德国新搜索引擎 Cliqz 等基础上，验证了伯恩汉姆对创新新时代的设想——创新由灵活的小型企业自下而上推动，不受限于固有商业模式或技术。

舒马赫曾多次创业，二十世纪九十年代晚期卖掉了自己创办的第一家企业（一家域名公司）。2010 年，他正在寻找新项目，结果偶然发现了 Adblock Plus 软件，他称之为“隐藏的珍宝”。Adblock Plus 是一位摩尔多瓦工程师发明的开源技术，当时靠志愿者经营，靠网络社区捐款，没有任何业务模式可言。这个软件的功能是侵入 Firefox 或者 Chrome 浏览器，植入广告开关，把网页上所有广告框都变成空白框。该软件掀翻了整个数字经济。如今，用户不用再受广告主不停监视和纠缠，而是占了上风，可以屏蔽各种广告、追踪、cookie 通知，甚至可以关闭无孔不入的社交媒体按钮。Adblock Plus 毁掉了网络的主导商业模式，唯一需要的就是点一点鼠标。

舒马赫成立了公司，筹集了 20 万欧元的种子基金，开始扩张业务。2011 年 8 月，有 1500 万名用户；到 2016 年 3 月，用户数达到一亿，该公司成为当时世界上最大的广告屏蔽软件公司。该公司的市场每年增长 50%，舒马赫预计 2020 年用户将达十亿名，几乎赶上脸谱网的用户数量。事实上，Adblock Plus 的成功甚至让在线广告巨头谷歌也宣布在 2018 年要开发 Chrome 浏览器的内置广告屏蔽功能。[6] 对于数字游戏德国虽然在上半场打得不怎么样，但是现在全世界有十亿人在用 Adblock Plus 这样的产品，在下半场德国有望表现出众。

舒马赫望向一尘不染的教堂广场和维持秩序的警车，告诉我说，乱七八糟的广告让那么多网页丑陋不堪，他帮助他们屏蔽广告是在净化互联网。所以，可以把 Adblock Plus 看成网络时代针对数字污染的绿色解决手段。舒马赫告诉我自己的老家在斯瓦比亚地区，在德国西南部，以极其清洁著称。所以他半严肃地说，他正在用 Adblock Plus 做的，就是依照斯瓦比亚的样子重整互联网。

当然净化在线广告行业是迫切需要的，舒马赫说这个行业“无法无天”，数字广告业除了监控人们的网上行为，还日益败坏，虚假宣传和明目张胆的欺诈越来越多。“数字时代既是透明的时代，也是模糊的时代。”英国作者、传播学专家伊恩·雷斯利（Ian Leslie）抱怨说在线广告业完全不负责任。[7] 全球媒体帝国新闻集团（News Corp）首席执行官罗伯特·汤姆森（Robert Thomson）把脸谱网和谷歌称为“双头垄断”，他抱怨道：“我们的现状不是完全的精确，而是利用模糊不清套利的犬儒行为。”广告主经常无意之中就赞助了硬核色情片、新法西斯主义分子和激进的伊斯兰网站。[8]

美国全国广告主协会（Association of National Advertisers，简称 ANA）和 White Ops 2016 年发布的一份研究报告预测，当年花在在线展示广告上的 770 亿美元中差不多有 10%（72 亿美元）都用到了欺诈性产品上。[9] 欺诈行为主要是用网上机器人程序模仿真人的网页浏览习惯，这种做法催生了刷点击量的产业，ANA 一份研究表明，37% 的广告点击都是僵尸点击量。此外，在线广告业中存在层层的经纪人和代理商，加上错综复杂的自动广告买卖系统，用《金融时报》商业专栏作家约翰·加珀（John Gapper）的话来说，“复杂得令人迷惑”。他说，事实上，在线广告系统复杂到了甚至“监管机构都没法屏蔽欺诈广告”。[10]

舒马赫说 Adblock Plus 正在为互联网建立健康的出版体系时，态度是很严肃的。但是很多出版商完全不同意他的看法——他们认为广告屏蔽产品事实上正在毁掉出版业靠广告支撑的业务模式。某些出版商，包括《福布斯》、《连线杂志》（*Wire*）、《商业内幕》（*Business Insider*），还有最重要的脸谱网，甚至不允许 Adblock Plus 用户查看自己的内容。施普林格（Springer）为首的六家德国大出版商甚至在起诉 Adblock Plus，称该软件会更改网页，因此违反了版权法。

我跟《纽约时报》的首席执行官马克·汤普森（Mark Thompson）谈这事的时候，他表示自己“极度敌视广告拦截软件”。他说 Adblock Plus 是个“狗屁生意”，称这是在收保护费，“想做勒索的勾当”。汤普森如此痛恨 Adblock Plus，是因为后者创造的商业模式要求大出版商交钱，才能进“可接受广告”的白名单。在他看来，这家德国公司已经成了互联网上最大的收费站，正在利用自己刚获得的权力向《纽约时报》等大出版商伸手要买路钱。Adblock Plus 取得颠覆性的成功，当然会迫使汤普森去重新考虑自己的生意怎么办。2016 年 6 月，汤普森确认《纽约时报》将发布无广告数字版本内容，比普通订阅服务定价更高。[11] 但是广告屏蔽技术似乎没有伤害到《纽约时报》当前的商业模式，即对高质量的订阅内容收费。自从 2016 年 11 月特朗普当选以来，订阅数上涨了十倍不止，订阅用户总数达到 250 万人，每年给《纽约时报》带来 3000 万美元的额外营收，现在订阅收入已经超过该公司营收的 60%。[12]

而舒马赫说，Adblock Plus 正在作为“消费者的受托人”为用户赋能，给他们配置平台的权力。他坚称：“我们正在给一个无法无天的行业立规矩。”除此之外，他还在和瑞典小额支付网站 Flattr 合作，打造新的在线出版业生态系统，这个去中心化的市场将内容的生产者和消费者聚到一起。他打算将 Adblock Plus 和 Flattr 的 20 万名用户和 3 万家出版商整合到一起，去掉中介，让消费者能直接为无广告在线内容付费，特别是为新闻付费。当然这些新闻无法与标志性的《纽约时报》相提并论，后者的内容出自专业新闻工作者之手，有编辑和事实核查员团队把关，非常能给人启发和知识。不过舒马赫的想法很有前景，伯恩汉姆相信自由市场中看不见的手能自下而上带来数字创新，舒马赫计划的模式正是一个很好的例子。

Flattr 的创始人是瑞典数字活动家彼得·桑德（Peter Sunde），他也是极具争议的海盗湾（The Pirate Bay）网站联合创始人。海盗湾是一个数字内容 BT 种子索引网站，基于 BT 点对点协议提供下载，事实上就是交换数字赃物的平台。舒马赫苦笑着对我说，对于跟 Adblock Plus 的合作，桑德注入了“罪犯的激情”。这话没有夸张，桑德曾在瑞典被监禁一年，罪名是帮助海盗湾用户侵犯版权。在“上一世”里，他参与了破坏在线内容产业；而现在他与 Adblock Plus 合作，是在为这个行业新建合法的生态系统。

我 2007 年出版的《网民的狂欢》猛烈抨击了海盗湾这样的点对点网络，正是这些网络助长了在线内容盗版，毁掉了音乐家、摄影师、作家和电影制作人的生计。所以这么多年来，我和桑德一直在盗版问题上针锋相对，有时候讨论到版权法是否必要、网络盗版是否道德，甚至会对对方进行人身攻击。

但是当我在哥本哈根跟桑德吃晚饭，谈 Flattr 以及跟 Adblock Plus 合作一事时，我发现他不仅忙着给互联网改头换面，自己也焕然一新了。桑德对海盗湾的是非曲直甚至失去了讨论的兴趣，他告诉我，他目前关注的是怎么让有创造力的人获得回报，以及如何创造去中心化系统取代谷歌和YouTube。

“我们需要保证创作人有可持续的收入，”他说，“才能保证他们得到回报。”

彼得·桑德已经从年轻时的错误中吸取了教训。他不再参与破坏我们的文化的事情，而是在积极推动它的再生。也许他花了不少时间才认识到莫尔定律，但是他让自己和互联网改头换面的努力，意味着他已经成为“人之队”中有价值的一员。

任何速度都不安全

欧洲最享有盛誉的技术大会是慕尼黑的数字生活设计（DLD）会议。你应该还记得，就是在这个会议上，欧盟反垄断负责人维斯塔格坦言，自己不担心互联网分裂。会上有人猜测德国有多大机会赢得工业4.0的下半场比赛、控制物联网，讨论主要集中在德国玩家该如何冲上全球平台资本主义的赛场。

不过很多参加DLD的美国人，特别是从硅谷来的，都不认为德国能扭转上半场的表现。斯坦福大学附近帕罗阿尔托（Palo Alto）区有条砂山路（Sand Hill Road），是风险投资公司的代名词，从这里来的一个投资人告诉我德国缺乏天使投资网络，在文化上也很难接受失败，因此“做数字”不会成功。其他人抱怨说，德国企业本性保守，特别是高层管理人员缺乏闯劲。不过他们批评最多的还是德国文化——很多参会的美国人说，德国人更愿意往后看，太沉浸在错综复杂的历史中，不愿往前看。那位砂山路来的风险投资人说了一句妙语，德国人关注的是治愈过去，而不是治愈未来。

其他人说话就没那么厚道了。在慕尼黑的时候，我和从旧金山来的某个人工智能初创企业创始人一起吃午饭，年轻人自以为是地告诉我："德国人做车是没的说，他们擅长这个，但他们搞初创不行。"

以上种种看法也并不是完全没道理。和硅谷相比，德国的企业文化非常保守。但是参加 DLD 的很多美国人，特别是年轻气盛的初创企业家们都忽视了一点，那就是用历史的眼光看未来不仅很睿智，也有巨大的经济价值。

你应该还记得，合广投资联合创始人伯恩汉姆认为，我们身处的创业"新"时代与 1995 年很像。但是要理解二十一世纪的未来，还要了解二十世纪的另一个年份，那就是 1965 年。

当然，1965 年有一件大事，戈登 · 摩尔在一篇文章里提出了同名定律，文章名为《往集成电路上塞进更多元件》(*Cramming More Components onto Integrated Circuits*)，首次发表在《电子》(*Electronics*) 杂志预言未来专刊上。[13] 但是 1965 年，普通人对集成电路技术白皮书并没有多大兴趣。但那年，喜欢阅读技术类书籍的人都买了一本书，这本书不仅是当年最有影响力的非虚构作品，还改变了整个全球性产业。这本书作者是拉尔夫 · 内德（Ralph Nader)，书名是《任何速度都不安全：美国汽车的内在危险》(*Unsafe at Any Speed: The Designed-In Dangers of the American Automobile*)。蕾切尔 · 卡森（Rachael Carson) 1962 年出版的畅销书《寂静的春天》让公众认识到杀虫剂和食物中有害化学物质的危险，而内德 1965 年的这本书让读者了解了美国汽车设计中存在的致命缺陷。

DLD 会议上演讲最有趣的讲话人是年轻的德国企业家马克 · 阿

尔 – 赫姆斯（Marc Al-Hames），他是新浏览器和搜索引擎 Cliqz 的联合首席执行官。他借用内德 1965 年畅销书的名字，将演讲命名为“任何速度都不安全”。他给观众展示的第一张投影是一辆全新的红色双门敞篷科威尔（Corvair），这是美国汽车制造商雪佛兰 1960 年到 1969 年间生产的一款车型。

“这款车在 1965 年受到所有人的追捧。引擎强劲，加速性能出众，车身上下都是铬合金。但是这款车只有一个毛病……”阿尔 – 赫姆斯指着闪亮的科威尔说。这款车的设计结合了雪佛兰标志性的两款车型，克尔维特（Corvette）和贝尔艾尔（Bel Air）。

“问题就是，”阿尔 – 赫姆斯说，“这款车任何速度都不安全。”

二十世纪五十年代中期，美国汽车三巨头福特、通用汽车和克莱斯勒控制了 96% 的美国市场。当时公众偏爱造型新颖、带各种设备和拥有太空时代感设计的汽车，因此，随着竞争日益激烈，为了满足消费者要求，几家汽车制造商设计出雪佛兰科威尔这类金玉其外的车型，虽然很惹眼，却很容易坏。一位汽车公司高管说，他们的目标是让消费者每年都买一辆新车。至于安全问题，最多是事后才想得起来。这些车连安全带都没有，跟造型优美的镀铬棺材没什么两样。1961 年，美国交通事故导致的死亡人数为 38000。到 1966 年，死亡人数飙升至 53000，仅五年就上升了 38%！

当时还是个年轻律师的内德出版了《任何速度都不安全》，这是关于汽车安全最有影响力的书。“现代生活的一个重大问题，”内德写道，“就是怎么控制那些无视应用科技带来的有害后果的利益集团的权力。”这本书的中心思想，就是要控制利益集团。

该书第一章“运动款科威尔：一辆车都能出事故”，揭露了科威尔的悬架问题，这个缺陷导致驾驶该车非常危险。书里详细描述了科威尔各种可怕的缺陷——比如设计缺陷导致方向盘变成死亡陷阱：方向盘无法在受撞击时溃缩，会刺穿驾驶员身体，导致驾驶员惨死或者躯体重伤，以致面目全非。该书还谴责雪佛兰故意无视夸张的设计和安全装置不足二者间的联系。该书也为人们敲响了警钟，让人们看到“公路大屠杀”这个问题。内德说，1964 年，公路事故造成了 83 亿美元的损失（约等于今天的 660 亿美元），包括财产损失、医疗费、误工费、保险开销等。[14] 对美国汽车行业来说，《任何速度都不安全》是一次公关的灾难。从很多方面可以说，随着埃隆 · 马斯克的电动汽车公司特斯拉声名鹊起，汽车行业今天才逐渐恢复声誉和魅力。特斯拉是一家硅谷企业，2017 年 4 月市值超过通用汽车达到 527 亿美元，成为美国最有价值的汽车制造商。

和美国的食品行业一样，汽车市场在内德曝光之后的五十年后也因为五方面的力量发生了重大改变：政府监管、竞争性创新、公民社会责任、劳动者和消费者选择、教育。内德扮演的角色便是公民，他出于担忧向大众疾呼科威尔的危险，之后经过五十年，美国车辆的安全性最终大大提高了。1965 年《任何速度都不安全》出版的时候，美国每 1 亿英里行驶里程死亡人数为 5 人，到 2014 年降到 1 人[15]——驾车导致的死亡率下降了惊人的 80%。

这个成果是怎么实现的？政府立法不仅把美国的食品加工业清理干净，还令汽车制造业也改头换面。1966 年，内德的书促使美国政府通过了《公路安全法案》（*Highway Safety Act*）和《国家交通及机动车安全法》（*National Traffic and Motor Vehicle Safety Act*）。同年，美国交通部成立。新法案和新成立的政府机构设立了新安全标准，比如 1966 年通过立法，要求所有车辆必须安装安全带。之后的立法要求新车必须安装软坐垫和仪表盘，并必须改进车门锁。1966 年到二十世纪八十年代末，依照新联邦法律，8600 万辆车被召回。八十年代，纽约州和其他州制定各自的安全带法律后，安全带使用率从七十年代的 3% 至 10% 上升到了 1994 年的 73%。

对底特律来说不幸的是，德国车企改造了美国产品和营销方式，来满足消费者对行驶安全新的需求。1951 年，戴姆勒 – 奔驰为安全车厢笼架申请了专利，该技术在车身前后设置了"碰撞缓冲区"，1959 年安全车厢笼架成为梅赛德斯汽车的特性。1966 年以后，德国汽车制造商还给产品增加了许多创新特性，如安全挡风玻璃、"防爆"车锁、可吸收撞击能量的保险杠、限制头部向后运动的头枕，以及可溃缩式转向柱。1967 年，大众启用电控燃油喷射，大大降低了有害气体排放，也减少了燃油消耗。1970 年，戴姆勒 – 奔驰推出了装有防抱死制动系统的汽车。种种创新完全改变了消费模式。二十世纪五十年代中期，美国车企占据了 96% 的美国市场，而到了 2017 年，三大美国车企克莱斯勒（13.2%）、福特（15.6%）和通用汽车（17.1%）总市占率只有 45% 多一点。同时，美国人爱购买德国高端车，导致特朗普总统威胁要对从德国涌入美国的"百万辆"车征收 35% 的关税。

让我们快进到半个世纪之后。你也许在想，1965 年的一本讲科威尔的书，跟今天的德国浏览器和搜索引擎有什么关系吗？阿尔 – 赫姆斯的 DLD 演讲里提到，二者的关系就在于两个行业——美国的汽车制造业和美国的互联网行业——在"任何速度都不安全"。当然，今天的互联网技术不会像危险的汽车方向盘一样把用户刺穿。但是阿尔 – 赫姆斯说，硅谷现在处所的阶段跟汽车业二十世纪六十年代中期的境况很像，失去了消费者的信任和忠诚。阿尔－赫姆斯的观点跟数字领域开拓人博纳斯－李以及凯尔相似，他说现在只有 50% 的网页是安全的，每一个网页上都有追踪器，25% 的网页有超过十个监控功能，我们谁也不知道自己的数据去了哪里，49% 的用户不信任互联网。他说，和雪佛兰科威尔一样，现在这个监控用户、基于广告的互联网生态系统，“是不可持续的”。

正是出于这些原因，Cliqz 在 2015 年成立了。这是欧洲最近出现的最有雄心、资金最丰富的数字媒体初创企业。德国第三大媒体公司、DLD 会议主办方布尔达传媒集团（Hubert Burda Media）对 Cliqz 投入了数千万欧元的早期阶段资金。在雄厚的资金支持下，虽然 Cliqz 目前还没有盈利模式，但雇员已经超过一百人。布尔达传媒的首席执行官保罗－伯恩哈德·凯伦（Paul-Bernhard Kallen）告诉我为什么布尔达向 Cliqz 投入了这么多时间和金钱。我们在 DLD 见面时，他说互联网“像是出了问题”。和许多人一样，凯伦也对当今的网络社会持批评态度，他相信核心问题在于信任的缺失，在他看来，这主要是“太多人在网上给出太多数据”造成的。他说，布尔达不仅要盈利，还有道义上的责任以重获公众对媒体的信任。为了实现这点，我们需要“重新思考”和“重新设计”信息经济的核心所在，即搜索业务。

Cliqz 由布尔达前首席科学家让－保罗·施梅茨打造，以“有意为之的隐私”为设计原则，创新性地结合了搜索引擎和浏览器。它被设计，或更准确地说它被重整为和谷歌相反的产品——这款浏览器内置搜索引擎，永远不会收集或出卖用户数据。但不同于萨姆逊的朋友在伦敦介绍给我的数字保险箱式产品，Cliqz 开发的本意并不是为了利用欧盟数据立法。这家德国初创公司相信，消费者会选择好的产品，自己完全可以靠这点胜出——也就是说，利用市场这只“看不见的手”胜出。Cliqz 已经准备好正面挑战谷歌等硅谷巨头，因为阿尔－赫姆斯和施梅茨相信自己的产品是市场上最好的，至少对关心隐私的用户来说如此——也就是德国内外的每一个人。事实上，特朗普总统 2017 年 4 月签署了一项提案，将废除对网络用户隐私保护的法律，因此美国对 Cliqz 这样的产品的需求会超过欧洲。

迪内尔·迪克森－塞耶（Denelle Dixon-Thayer）是互联网第三大浏览器 Mozilla（仅次于微软的 IE 和谷歌的 Chrome）的首席法务官兼首席商务官，她对此非常赞同。我们谈到 Mozilla 和 Cliqz 的战略合作时，她告诉我：“我们觉得他们做的工作很棒，很高兴他们在做不同的搜索业务。”

“互联网的商业模式并没有失灵，”塞耶说，“我们只是需要它更透明、更诚实。”

这就是需要 Cliqz 的时候了。“互联网虽然不是我们发明的，”阿尔－赫姆斯的 DLD 演讲这样总结道，听上去和 Adblock Plus 的舒马赫的话离奇地相似，“但是我们每天都在‘清理’互联网，让它变成一个更好的地方。”

几周之后我和阿尔－赫姆斯相约在慕尼黑一起吃早餐，我问了他历史重演的问题，这个问题我也问了伯恩汉姆和里巴克，不过这次我把 1995 年换成了 1965 年。

阿尔－赫姆斯爱沉思，也精力充沛。他大幅点头，认为 1965 年和现在十分相似。他说，硅谷远远没有为将来做好准备。二十世纪六十年代的雪佛兰高管以为他们可以不断地向毫无疑心的消费者卖

"镀铬棺材"，美国技术企业跟他们一样，觉得现在的数据生态系统会永远完美运转。但是他说，现在的系统把整个互联网变成了追踪用户的巨大的检查站，已经"失控"，"最终必须改变"。消费者不想要这样的互联网。伯恩汉姆预言，随着优步和亚马逊等赢家通吃的企业不断增加"进项"，消费者会进行反抗。所以阿尔－赫姆斯相信，我们最终会看到消费者反对谷歌这些变本加厉的大型数据企业。他说，历史告诉我们未来的事，相同的故事总有同样的结局。

阿尔－赫姆斯解释，在 1965 年，谁能想到，将来按照法律竟然必须系安全带，安全装置越来越成熟，汽车的设计要以安全装置为中心，[16] 美国每 1 亿英里的行驶里程死亡人数可以降低 80%？ 1965 年，大众刚刚开始向美国出口对消费者友好的甲壳虫汽车，谁又能想到大众竟然现在在田纳西州投资上十亿美元建起了一家工厂？谁能想到，1965 年克莱斯勒跻身三大汽车制造商，却在 2009 年申请破产，如今被经营困难的意大利汽车制造商菲亚特给收购了？

阿尔－赫姆斯说，将来的人回头审视我们的年代，会感到难以置信。这就像我们回头看 1965 年发现大部分人开车竟然不系安全带一样震惊。他预言，五十年后，未来的几辈人看到我们漫不经心地把自己的个人信息泄露给不负责任、不透明的跨国企业，这些跨国企业的总部还不在自己的大洲，会感到同样震惊。

阿尔－赫姆斯的观点有数据支持。皮尤研究中心（Pew Research Center）称，86% 的美国互联网用户会采取措施掩盖网上的行踪，91% 同意消费者对企业使用个人信息的方式失去了控制。[17] 和 1965 年美国三大车企一样，今天的大数据互联网企业也是任何速度都不安全，这一点越来越清楚。

“没动静，没动静，还是没动静……然后突然出来个大事件。”你大概还记得，合广投资的伯恩汉姆说，重大经济或技术变革通常按照这个模式出现。食品和汽车行业如此，在阿尔－赫姆斯这样的创新者和维斯塔格这样的监管者合理推动下，数字经济也将如此。Mozilla 的迪克森－塞耶提醒我们，监控说到底不是个好的商业模式。如果说历史给我们上了一课，那就是差的商业模式终将被淘汰。

第八章 社会责任

时间之外的视角

有时未来会出现在最古老的地方。我正在和休·普莱斯（Huw Price）吃午饭，他是剑桥大学伯特兰·罗素哲学教授，与杨·塔林及马丁·里斯一起创立了剑桥生存风险研究中心。我们吃午饭的地方是修建于十七世纪的三一学院餐厅。英国都铎王朝的国王亨利八世设立了三一学院，正是这位专制主义君主下令处死了前大臣托马斯·莫尔，因为莫尔拒绝承认亨利八世与第一任妻子阿拉贡的凯瑟琳离婚的合法性。

普莱斯告诉我："这是剑桥大学最著名、财力最雄厚的学院。"他是这里的院士，却不露一点自豪之情。

五百年来，三一学院一直是世界上最高端、最有势力的俱乐部——教育了一代又一代精英，包括发现万有引力定律的艾萨克·牛顿爵士；实证主义之父弗朗西斯·培根；获得诺奖的三十一位科学家；英国君主和首相；甚至是新加坡现任总理李显龙，1974年他从三一学院取得数学和计算机科学学位。

普莱斯是澳大利亚人，待客十分周到。他身材瘦长，很务实，身上唯一的饰品是腕上一只看上去很贵的手表。我们在历史气息浓厚的大厅里吃刚煮好的三文鱼和沙拉，谈着人工智能潜在的危险，认为我们有道德上的义务来管理好这种新技术。

在这个大厅里谈未来是件奇怪的事。在这座深邃宽大的建筑里面，我们面对面坐在古老的长木椅上，被过去包围了。这个场景的历史感厚重到令人晕眩。我们身后挂着一幅作于十六世纪末、真人尺寸的霍尔拜因画作复制品，画中人是大摇大摆、自命不凡的亨利八世——胸膛阔如水桶，双腿叉开，小腿曲线弯曲，双拳紧握——这幅画最初完成是在 1537 年，亨利八世等了很久终于得了一个儿子爱德华，此画正是为此而作。你应该还记得，霍尔拜因正是之前所提的那位文艺复兴时期的艺术家，不仅创作了著名的托马斯 · 莫尔爵士像，也很有可能就是乌托邦插图的作者。

在这个大厅里思考未来显得不太协调，问休 · 普莱斯这个问题似乎也不是很自然。他和塔林第一次见面是在波罗的海一艘邮轮上参加关于时间科学的会议。身为哲学家，普莱斯对时间这个概念本身持怀疑态度。他借用了阿尔伯特 · 爱因斯坦的广义相对论，主张“块宇宙(block universe)”理论，该理论认为，时间也许只是一个“人类中心主义”的想法。[1]“物理学没有过去或未来的意义”，普莱斯说，因此时间——在我们的直觉里，时间似乎是像水流一样不间断的时时刻刻，总是将昨天、今天和明天相连——不过是错觉罢了。[2]

“过去、现在和未来之间不存在差别，”普莱斯解释说，“认为将来一切未定是错的。”

我嚼着我的煮三文鱼，礼貌地点头。我心里想，要是时间不存在，他戴那么好看的手表干吗呢？

不过，言归正传，“块宇宙”的概念并不像表面上那样不科学、不着调。普莱斯引用了爱因斯坦写给刚去世的一位朋友的家人的话。“对我们这样相信物理学的人来说，”他安慰朋友悲恸的家人道，“过去、现在、未来之间的差别只是顽固持久的幻觉。”

不管这个理论在科学上能否设想，其意义都是很怪异的。在他最著名的哲学著作《时间之矢与阿基米德之点》（*Time's Arrow and Archimedes' Point*）中，普莱斯说，时间之矢——时间的方向——可能是向前，也有可能是向后的。借此，他说“因果反向”这个概念表面上看很荒谬，却完全是符合逻辑的科学事实。如果普莱斯的观点正确，时间确实可以反向，那么他和我——在这个“形而上”的大厅就餐，我有种伤感神往的感觉，呼吸着这里“神圣的”空气——也许我们正是影响了宗教改革、文艺复兴和启蒙运动的“历史”人物呢。如果时间之矢的确是朝后的，那么对未来的怀旧之感就完全符合逻辑了。杰伦·拉尼尔（Jaron Lanier）当然也不是唯一思念未来的人了。

古希腊数学家阿基米德认为需要一个视角，即所谓的阿基米德之点，来客观地探讨物理世界，一位当代哲学家把这个视角称为“空间之外的视角”，而普莱斯相信，物理学家和哲学家需要在时间之外找到一个相似的权威点，来思考现世。他把这个点形容为——在这里没有昨天、今天或明天——“时间之外的视角”。[3]

但普莱斯本人，至少在他哲学思考外的生活中，并没有比其他困于现世的人更接近这个点。他有限的时间一半用于在剑桥大学任教授的种种工作——他说，“这是世界上最好的工作”——一半用来试图治愈未来。他同时担任生存风险研究中心和剑桥大学另一所著名的新研究所——勒福休姆未来智能研究中心（Leverhulme Centre for the Future of Intelligence）的学术主任，他是“人之队”的主力队员。他任职的两个研究所的目的是在未来发生之前研究它。两个机构请到了最顶尖的科学研究者，决定新技术，特别是人工智能对社会的影响。

“为什么担心未来呢？”我问，“你为什么想让世界变得更好？”

事实上，是时间让他对未来感到担忧，是时间让他负起让世界更好的使命。他告诉我，2011 年孙女出生在澳大利亚悉尼，自己第一次当了祖父。他说：“我生平第一次意识到，到了二十一世纪末还有我关心的人在世。”

普莱斯告诉我，他这辈子想花时间做些“有用”和“实际”的事。身为两个研究中心的主任，他把自己看作创业者，也是对才能的促成者，说自己的职责是“为二十一世纪搭建人的网络”。他正是以这样实际的方式在做出改变，尽自己的职责，为孙女留下一个更好的世界。这是他个人版本的莫尔定律。和塔林一样，他相信智能机器是对我们这个物种潜在的威胁——生动地将其称作“全新的魔鬼”，他对大量的资金——2014 年到 2016 年达 60 亿美元——涌入人工智能初创企业感到担忧，特别是现在技术的微小进步就能制造数十亿美元的价值。但是普莱斯也一直在思考相关的哲学，尤其是伦理学问题。他告诉我，风险投资人按照道德标准来决定人工领域的投资“非常重要”。他说，如果我们要保持对智能机器的控制，人类做出道德的判断就十分关键。

虽然普莱斯对人工智能变成魔鬼的可能感到担心，但他对未来并不是完全悲观的。比如说，他因为看到 DeepMind 三位联合创始人在道德上表现得很成熟而感到鼓舞，特别是毕业于剑桥大学的年轻首席执行官德米斯·哈萨比斯（Demis Hassabis）。这家伦敦技术公司的投资人包括塔林和马斯克，2011 年成立，2014 年被谷歌以 5 亿美元收购。2016 年 3 月，DeepMind 专门开发的算法阿尔法围棋（AlphaGo）战胜了韩国的围棋世界冠军，让该公司成为新闻热点。围棋是起源于中国的桌面游戏，有5500年的历史，是人类发明的最古老的游戏，也是最复杂的游戏之一。但普莱斯说，除了对人工智能进行商业开发，DeepMind的创始人和微软、脸谱网、IBM、亚马逊等大型技术企业也一起在制定关于智能技术的行业道德规范。

这个自律性倡议的名字很令人尴尬，叫作造福人民与社会人工智能合作伙伴关系（the Partnership on Artificial Intelligence to Benefit People and Society），于2016年9月正式启动。其目标是让世界变得更好。联盟里的企业说，相信我们，并提出了一长串显示自我感觉良好的大词，包括“道德、公平、包容；透明、隐私、互操作性；人与人工智能合作；技术的可信、可靠和稳健”。[4]

“放心把你的未来交给我们”，这些公司说。的确，“相信我们”已经成为技术企业常见的承诺。DeepMind的自律策略跟另一个理想主义者马斯克的初创公司OpenAI相似。OpenAI是一家硅谷的非营利研究公司，一个关注推广人工智能技术的开源平台。马斯克与萨姆·奥尔特曼（Sam Altman）共同创立了这家公司，奥尔特曼现年31岁，是硅谷最成功的种子投资基金Y Combinator的首席执行官。OpenAI 2015年启动，包括亿万富翁里德·霍夫曼和彼得·西尔在内的硅谷大亨为该公司筹集了十亿美元的资金，公司由前谷歌机器学习专家运营，请的是全明星阵容，都是顶尖大型技术企业的计算机科学家。

“这是个什么时代啊！”奥尔特曼说，人类和智能机器的“融合”已经开始了。他警告奇点的临近，说甚至我们装满数据的手机“已经控制了我们”。他相信我们在面对一个严酷的生存选择。“只要不融合，就会有冲突……不是我们奴役人工智能，就是人工智能奴役我们。最疯狂的融合方式就是我们把自己的大脑上传到云端。我愿意这样做。

我们需要对人类进行升级，因为我们的后代不能征服银河系的话，就只能让自己的意识永远消失在宇宙中。”他说起超级智能对我们的威胁，像是在谈《星际迷航》某集的情节一样。[5]

Deep Mind 的哈萨比斯和 Y Combinator 的奥尔特曼等技术专家极其富有也极其有天赋，我问普莱斯，这些年轻企业家该制定什么样的道德规则。我不禁想，这些二十一世纪的新人该怎么思考，才能保证普莱斯的孙女能看见二十二世纪的曙光？

这一“道德准则”会从哪里来？我很想知道答案。我们为什么相信，这些宇宙的新主宰会代表人民的利益，会考虑社会的利益呢？

一时间，普莱斯转换身份，从创业者变回了剑桥大学伯特兰·罗素教授。他提醒我，启蒙运动的核心道德原则是十八世纪普鲁士哲学家伊曼努尔·康德提出的“绝对命令”——康德作息时间极其规律，据说哥尼斯堡的居民都是按照他午饭后散步的时间来对表。

“康德告诉我们，自由也意味着责任。”

康德认为自由和责任密不可分，这是莫尔定律的启蒙版本，也是沃尔夫勒姆和洛芙莱斯对人的定义。有自由、有目标、有创造，意味着能凭直觉分辨对错。因此在康德看来，尽管人类是曲木，但人的意义在于自发地做好事，不管谁能凭此受益。休·普莱斯为公共利益管理两个剑桥研究所，他谦逊低调，毫不矜夸，但他正是康德所说的有责任的公民的鲜活例子。

超级公民

当然，如果大技术公司的美国人都是普莱斯这样的道德哲学家就好啦。当然如果这样的话，这本书也没有写的必要了，因为硅谷的哲学王们会一个算法接一个算法地主动治愈未来。第一个也是影响最深远的理想社会——柏拉图的《理想国》，正是建立在这个想法基础之上，这也是之后许多理想社会的主题，包括莫尔的乌托邦。霍尔拜因在自己的画作中把这个岛屿描绘成骷髅形状。

"*Memento mori... Respice post te, Hominem te essememento*." 罗马的奴隶向凯旋的将军这样喊道。"是的，你终会死去，但那之前，记住你是一个人。"

从某种意义上来说，普莱斯的时间块宇宙理论是正确的。没有什么真正会改变。莫尔定律强调我们对社群的义务，不管是在古典时代，十六世纪的英国，十九世纪的美国，还是今天，这点都很重要。我们面对的挑战和以往也没有不同，那就是说服在三一学院接受教育的精英人士，并告诉他们力量越大，责任越大。

这个问题在网络时代的权力中心硅谷特别严重。我写到这里是在2017 年 6 月底，硅谷再次卷入了一系列有关不尊重女性的丑闻。两位著名投资人，500 Startup 的戴夫 · 麦克卢尔（Dave McClure）和 Binary Capital 的贾斯汀 · 卡德贝克（Justin Caldbeck）屡次三番试图猥亵、性侵女性创业者，证据确凿，被迫辞职。这个月早些时候，由于优步公司长期陷入各方面的道德争议，从女性工程师遭到大肆骚扰，到威胁技术专栏记者，再到监视客户，优步联合创始人、首席执行官特拉维斯 · 卡拉尼克（Travis Kalanick）被迫辞职。

"最有意思的是，硅谷还没走出认识上的泡泡，不愿意去面对公众对垄断、隐私、技术导致的失业等问题的合理担忧，更不要说觉得自己文化有问题了。" 2017 年 7 月，对于硅谷最近丑闻频发，《金融时报》的拉娜 · 弗鲁哈尔这样写道。[6]

是的，末日四骑士中的三家——脸谱网、亚马逊和谷歌都加入了大型技术公司的自律联盟，承诺在人工智能产品开发过程中遵循“道德、公平和包容”的原则，这不是什么坏事。但是我们究竟能期望这些市值数千亿美元的公司对自己有多高的道德要求呢？它们现在在世界各地都被指责有大量不道德行为，包括垄断市场、利用用户数据、在运营国避税——更不要说大型技术企业一直都有的种种道德丑闻了。尽管这些企业本质上不是邪恶的，但他们毕竟受利润驱动，只对股东或者投资人负责。不管它们怎么喊“不作恶”之类的好听口号，但世上是没有道德的营利企业这种东西的，硅谷内外都没有。不管好坏，这些私营超级大企业的目标是主导市场，不是共享市场。它们的目标是赚钱，而不是道德。

是的，埃隆·马斯克、里德·霍夫曼和彼得·西尔这样的硅谷大投资人投入了大量资金建设开源的人工智能平台，并承诺这个平台不会交给某个数据“筒仓”持有或者运营。但是，恐怕硅谷没有多少人会像领英联合创始人霍夫曼一样有责任感。相对其他硅谷大佬，他可以说是公民美德的典范。2016 年美国总统选举期间，他承诺，只要特朗普公开自己的纳税记录，他就会自掏腰包捐五百万美元给一家帮助退休老兵的慈善机构。

霍夫曼虽然投资了 OpenAI，但却怀疑硅谷这些自大的公司能不能摆脱历史限制，解决整个世界的问题。他说，解决整个世界的问题这种想法不是有勇气，而是目光短浅，甚至幼稚。“他们很有抱负，这很好。”霍夫曼对《纽约客》说起奥尔特曼和他的公司 Y Combinator 的几个项目。“但是在硅谷，人们试图改造某个领域时，结果一般都很糟。”[7]

对于OpenAI华而不实的承诺，霍夫曼态度矛盾，这或许也可以解释他为什么是“人工智能和社会基金”（Fund for Artificial Intelligence and Society）的主要投资人之一。2017年年初，该基金由非营利机构奈特基金会正式成立，与麻省理工学院的媒体实验室（Media Lab）和哈佛大学的伯克曼中心（Berkman Center）是合作伙伴。你应该还记得，Betaworks的约翰·博斯维克担任该基金的顾问。和剑桥的生存风险研究中心一样，该基金的目的也是让研究人工智能对社会影响的研究者、伦理学家、技术专家走到一起，搭建组合网络。和DeepMind或OpenAI的联盟不同，奈特基金会这一举措不完全依赖技术专家去做道德上的决定。

“我的看法是，这是个很重大的变革，会切切实实影响人类的未来。”霍夫曼这样评价人工智能革命，“但通过智慧和勤勉，我们可以引导它走向乌托邦，而不是反乌托邦的方向。”[8]

约翰·布拉肯（John Bracken）长期担任非营利机构管理工作，现在在运营该基金。他告诉我，霍夫曼对这个新基金有“特别重要”的影响。“我们信任里德·霍夫曼。”布拉肯告诉我，他和霍夫曼在过去有过合作。“我们信任他，他了解自由意味着责任。”

大型技术企业的其他亿万富翁——库克们、扎克伯格们、贝尼奥夫们、贝索斯们、佩奇们、布林们，他们的道德又如何呢？当然没人像卡拉尼克那样不成熟，但他们也不像霍夫曼那样信奉康德。事实上，他们的道德是个很复杂的问题。有时我们可以相信这些富豪，有时又不行。比如亚马逊创始人和首席执行官杰夫·贝索斯（Jeff Bezos），在我写这本书时身家达到830亿美元，是除了比尔·盖茨外世界上最富有的人，像他一样，硅谷有的人既是不择手段的商人，又是无私的慈善家。一方面，令人生畏的贝索斯领导着半垄断的电子商务企业，在对待劳工的方式上颇值得怀疑，而且欺压出版商的事也常见诸报端；[9] 另一方面，他又热心公益，是受人尊敬的《华盛顿邮报》的老板，而且，当现任总统特朗普谴责新闻记者是“人们的敌人”时，他是美国新闻自由和民主最有力的捍卫者之一。

2017 年 6 月，贝索斯发推为慈善“征集想法”。“我正在想与现在做法相反的慈善策略——现在大部分时间都花在长期项目上。对于慈善，我发现自己对相反的做法感兴趣：集中在当下。”他提出自己想做的慈善计划。“如果你有什么想法，”贝索斯以一贯的独特风格结束道，“请回复本条推特……”[10]

讲个别的例子。软件供应商 Salesforce.com 首席执行官马克·贝尼奥夫（Marc Benioff）长得很像大摇大摆的亨利八世，尽管他很慷慨地支持了很多高尚的社会事业，但是似乎有点太迷恋在公共项目挂名了，比如加州大学旧金山分校贝尼奥夫儿童医院。苹果首席执行官蒂姆·库克，我们上次提到他是他到布鲁塞尔的维斯塔格办公室试图说服维斯塔格，苹果交给爱尔兰政府 0.005% 的税是符合公共利益的。而同一个库克公开捍卫移民和少数族裔权利，而且强烈批评假新闻对政治文化的腐蚀作用。

是啊，的确很复杂。《金融时报》的约翰·索恩希尔（John Thornhill）说，今天的技术公司亿万富翁“公开宣布自己有赚钱之外的抱负，把影响扩大到交通、医疗和教育领域”。[11] 尽管他们有各种身为人类难以避免的缺点，但库克、贝尼奥夫和贝索斯都是聪明绝顶的人，在某些方面也是负责任的人。他们和比尔·盖茨及其他几位技术界大亨一起，正在投身慈善，将会成为二十二世纪的卡内基、斯坦福、洛克菲勒、范德比尔特和福特。我们不要忘了马克·扎克伯格，2015年12月，他承诺将在生前捐出自己99%的财富。

和盖茨或扎克伯格一样，十九世纪的强盗贵族也算不上美德的典范。比如曾担任加州州长和美国参议员的加利福尼亚铁路大亨李兰·斯坦福（Leland Stanford）。今天有末日四骑士，那时有“四大亨”——中央太平洋铁路背后的四位北加州巨头：马克·霍普金斯（Mark Hopkins）、查尔斯·克罗克（Charles Crocker）、科里斯·亨廷顿（Collis Huntington）和斯坦福自己。斯坦福擅长政治交易和贿赂这些阴暗的手段，利用中央太平洋铁路垄断地位带来的规模经济，成为美国最富有的交通业巨头之一。他的生意伙伴兼四大亨之一克罗克，靠断粮成功镇压了中国铁路劳工的罢工。修建铁路十分危险，当时除了华工没有人愿意做。

但斯坦福也给出了私立大学收到过的最大一笔捐赠。他捐出了8800英亩自己的牧场和农场，在帕洛阿尔托建起了一座全新的大学。这所1891年成立的大学名为小李兰·斯坦福大学，建校伊始就以技术为中心，不收学费，培育了一代又一代企业家。比尔·休利特（Bill Hewlett）和戴维·帕卡德（David Packard）不仅成立了惠普公司，也建立了硅谷的金融和技术生态系统，他们二十世纪三十年代毕业于斯坦福大学，从那以后，斯坦福大学技术许可办公室一直帮助实现各种创新转化，如技术分析、重组DNA和谷歌搜索引擎。

创建微软和长期担任其首席执行官的比尔·盖茨，在某些方面可以说是斯坦福在当代的化身。在前半生里，盖茨为打压竞争对手使用的手段经常是不道德的，有时甚至是违法的，并因此成为世界首富；到了后半生，他又把数十亿美元捐出去帮助不幸的人。今天，用戴维·卡拉汉（David Callahan）的话来说，盖茨已经成为“新镀金时代”的“超级公民”——身为慈善家，他的影响力足以决定世界各国政府的教育、医疗、经济政策的制定。卡拉汉是“慈善内幕（Inside Philanthropy）”网站编辑、2017年出版了《给予者》（*The Givers*）一书。

“科技界大亨们似乎在逐渐取代慢慢老去的石油大亨们，成为慈善捐赠的中流砥柱。”[12]《金融时报》的安佳娜·阿胡加（Anjana Ahuja）说。而盖茨是其中最大手笔的——他和友人巴菲特一样，都决定在生前捐出所有的钱。卡拉汉在《给予者》中指出，盖茨和盖茨基金会已经为“革新者”树立了榜样——“革新者”指的是科技界新一代年轻的超级公民，包括脸谱网的多位亿万富翁，比如该公司前总裁肖恩·帕克（Sean Parker）、联合创始人达斯汀·莫斯科维茨（Dustin Moskovitz）和马克·扎克伯格自己。[13]

那么今天的科技界亿万富翁该怎么捐出自己的财产？在这个新镀金时代，怎么做才能算是好的硅谷超级公民？

这很复杂

这当然很复杂了。斯坦福、卡内基、洛克菲勒、范德比尔特们做的慈善在道德上很复杂，关于他们的作为，写了一本又一本的书。与此相似，扎克伯格宣布要投入公益的消息被广为流传，引起了不少争议，关于这点应该写一本书，也肯定会有人写。2015年，31岁的扎克伯格对妻子普莉希拉·陈（Priscilla Chan）承诺，将把450亿美元财产的99%都捐给“慈善”，引起公众热议。后来发现，他们的钱将投进一个有限责任公司，美国国税局甚至没有正式认定该公司为慈善机构——这样他们的钱就可以用来以低税率投资营利企业。比如说，陈向Biohub投资了6亿美元，该科学研究组织聘请的都是湾区各大学的顶尖研究人员。对于Biohub开发出的防止HIV和寨卡等传染疾病的疫苗和药物，陈拥有知识产权；而且从理论上讲，陈还可以从药物销售中盈利。

《金融时报》的爱德华·鲁斯（Edward Luce）说，有志成为超级公民的扎克伯格做到了“了不得的事。他不仅转移450亿美元财产不用交税，同时还因为自己说‘要把钱全部捐出去’而受到各方面的赞誉”。[14]2017年2月扎克伯格写了六千字长文，宣布脸谱网将致力解决世界上的种种问题，包括美国新闻业面临的财务危机。[15]有人把这篇长文诠释为扎克伯格打算踏足政界的前奏。也许，和李兰·斯坦福一样，扎克伯格有朝一日会当选加州州长或参议员。扎克伯格在道德方面当然和李兰一样模糊。前美国联邦通信委员会（Federal Communications Commission，简称FCC）主席顾问史蒂文·瓦尔德曼（Steven Waldman）说，扎克伯格谈愿景的长篇大论不过是略加掩饰的广告，为的是表明脸谱网有所谓的道德功用，却根本没有为脸谱网在新闻业危机中扮演的中心角色负责，也没有捐出资源去解决这个问题。

瓦尔德曼把扎克伯格和钢铁大王安德鲁·卡内基（Andrew Carnegie）相比。“十九世纪的强盗贵族安德鲁·卡内基在晚年捐出了大部分财富。卡内基建了将近3000座图书馆。马克·扎克伯格、拉里·佩奇、谢尔盖·布林还有劳伦·鲍威尔（Laurene Powell）（乔布斯遗孀）只需要资助3000名记者就行了，”瓦尔德曼说，“这些公司的领导人只要连续五年每年捐出1%的利润给新闻业，美国的新闻业接下来一百年就会大为改观。”[16]

瓦尔德曼把卡内基作为二十一世纪技术贵族的榜样很恰当。卡内基 1889 年写了一篇很有影响的文章《财富的福音》(*The Gospel of Wealth*)，这本小册子可以说是向富人阐释了莫尔定律的思想，呼吁他们将财富投入改进社会中去。在生意场上，卡内基是天使的反面。十九世纪末最暴力的劳工冲突有的就发生在他的钢铁厂。工厂长年打压工会，后来到了 1892 年，他的生意伙伴亨利 · 克雷 · 弗里克(Henry Clay Frick)甚至雇来武装民兵，到宾夕法尼亚霍姆斯特德工厂镇压罢工；此次对峙导致十八人死亡。但在退休之后，卡内基投入把毕生财富捐出去的工作中，今天盖茨和扎克伯格也开始实践这样的信条。这位钢铁大亨自学成才、白手起家，一生捐了超过两千五百座免费公共图书馆，包括旧金山和奥克兰的图书馆，帕洛阿尔托 1904 年开放的第一座公共图书馆大楼也是他捐赠的。到 1919 年卡内基去世的时候，他已经向各种慈善机构、基金会、学校、图书馆捐出了 3.5 亿美元，相当于自己 90% 的财产——相当于今天的约 48 亿美元。

但当今的科技界亿万富翁应该从卡内基那里学习的，不是捐出多少，而是怎样捐出自己的财富。 卡内基在《财富的福音》里写道，富人有责任改善社会。“他们有能力在有生之年努力安排各种捐赠，让同胞大众能长久受益，并以此给自己的生命带来尊严。”他认为富人有责任帮助不幸的人。

卡内基坚信，强大的力量也伴随着巨大的责任。他对图书馆的大力投资就说明了这种社会责任感。首先，在美国各地捐资成立多家免费公共图书馆，是在对同胞投入资源，让他们能像他年轻的时候一样，身为苏格兰移民自学成才。他说，自己的图书馆建给那些“勤奋和有抱负的人；不是那些需要人家帮他安排好一切的人，而是那些有动力、有能力自助的人，他们值得帮助，而且也会受惠”。其次，卡内基是在对社群和公共空间投入资源。他的策略是，只要地方政府提供相应的土地和拨出相应的预算支付图书馆员工工资和运营费用，他就提供修建图书馆所需的资金。所以他最重要的遗产之一，是城市历史建筑——从巴洛克到西班牙文艺复兴风格，到意大利文艺复兴风格，不一而足——如今这些建筑仍令许多美国城市的市中心生辉。

如今大多数科技界巨富的慈善行为缺乏的正是这样的公共参与。是的，富翁们目前展开了一场军备竞赛，比赛谁捐出去的金额最大，但是他们没有借鉴卡内基的捐赠模式，即经过深思熟虑，将钱用到改善社会的地方，如今的科技界慈善似乎只是用来表现捐赠人或者捐赠人的配偶多么热心的手段。比如，扎克伯格此前捐了 5 亿美元给新泽西的学校，结果却只是浪费钱。现在他又开始投资 30 亿美元到“治愈、预防和控制所有疾病”这个艰巨的事业中去。[17] 而贝索斯热衷太空殖民，甚至打算为月球上的“未来人类定居地”成立类似亚马逊一样的公司，以提供送货服务。[18] 谷歌联合创始人布林正投资 1 亿到 1.5 亿美元打造世界上最大的飞机，用来给人道主义任务运送补给。但是，这艘飞机也会成为布林家人和朋友的豪华洲际“空中游艇”。[19] 毫无疑问，安德鲁 · 卡内基在墓里听到宝贵的资源花在这么铺张的地方，都要躺不安稳了。

那么，布林、贝索斯和扎克伯格该怎么把钱投给社会呢？也许他们可以借鉴科林 · 鲍威尔（Colin Powell）将军对战争的看法：“谁闯祸谁兜着。”瓦尔德曼说，要拯救美国本土新闻业，就必须资助三千名记者，这张支票大概需要布林来开：传统报纸的商业模式遭到破坏，他的搜索引擎是主要的原因。你应该还记得，布林的公司甚至想借助占主导地位的谷歌地图，把地理知识都私有化了。他也许可以像卡内基一样，把部分财产用来创建公共空间。不同的是，卡内基把钱用来建设现实中的市中心图书馆大楼，而布林应该去思考怎么建设数字公共空间，保障这里的隐私，并禁止广告。这对他来说应该不算难，毕竟这是他和拉里·佩奇创立谷歌搜索引擎的初心，当时是 1998 年，两人还是斯坦福大学的研究生。

贝索斯的钱不该投在星际旅行上，而应该用来解决人们怎么在自动化的未来就业的问题，而亚马逊正是发展自动化的领头羊，花了数十亿美元在送货无人机和机器人操作的订单履行中心上。这会是二十一世纪最重要的问题，贝索斯既有财力也有才智去直面这个无比困难的问题。我感到，贝索斯现在才真正开始做像公众人物一样的举动。和乔布斯一样，贝索斯也是一个有抱负和能力超强的人。他 1994 年创立的亚马逊和苹果是过去五十年里最了不起的美国企业。但是，如果贝索斯想被将来的一代代人记住，就必须更关心就业而非电子商务。打造“能买到一切的商店”是一回事，治愈未来则是另一回事。

因此，在贝索斯问自己该做什么慈善的推特下面，我回复道：“保证我们所有人在未来都有工作，杰夫。小心慢来啊！”

马克·扎克伯格不该把数十亿美元扔在异想天开的冒险上，想着让我们永生，而应该试着去解决技术在全球导致的成瘾行为——纽约大学心理学家亚当·阿尔特说，脸谱网和 Instagram 等网络正在让我们的注意力缩短到连金鱼都不如。比如说，扎克伯格可以花些时间和资源，支持特里斯坦·哈里斯的非营利运动“好好利用时间”，这项运动的目的是让软件开发者认可新的希波克拉底宣言，拒绝开发像脸谱网、Snapchat 和 Instagram 一样令人成瘾的应用程序。

2017 年 7 月，里德 · 霍夫曼和他的友人，网络游戏开发公司 Zynga 的联合创始人马克 · 平卡斯（Mark Pincus）一起成立了名为赢得未来（Win the Future，简称 WTF）的组织，旨在改变民主党。网络技术网站 Recode 报道，他们的目标是“迫使民主党改变从政治议程到决定选举竞选人的方式，重写核心理念”[20]。但是，WTF 的做法是本末倒置了。霍夫曼和平卡斯不该把硅谷的创造性毁灭文化带到政治领域，而应该把资源集中起来，应对技术对社会带来的颠覆性影响。我已经说到，贝索斯应该把巨大财富中的一部分用来研究在自动化的未来人们该做什么工作。对霍夫曼和平卡斯这样的硅谷大佬来说，明智的做法是和传统政界人士，如加州副州长加文 · 纽森（Gavin Newsom）紧密合作。纽森目前公开警告说，失业的“海啸”正在到来，数字革命将引发不平等。

硅谷最有责任感的技术界慈善家已经在率先实行“谁闯祸谁兜着”的模式了。1995 年，为了让湾区的人在互联网上轻松买卖本地的产品和服务，前 IBM 程序员克雷格 · 纽马克（Craig Newmark）创建了 Craiglist。今天，这个网站估值超过十亿美元，覆盖二十个国家，每月页面浏览数达到两百亿次。但是，虽然 Craiglist 帮助用户免费发布地方广告，却无意间破坏了地方报纸的分类广告商业模式。面对自己公司成功带来的意料之外的灾难性后果，纽马克的做法是拿出自己的钱来建立一个基金会，帮助新闻业向数字时代转型。比如，2016 年 12 月，他成立的克雷格 · 纽马克基金会捐出一百万美元，用来资助大学设立新闻伦理学讲席。[21] 纽马克的基金会——和约翰 · 博斯维克的 Betaworks 一起（公平起见，还有扎克伯格的脸谱网）——向纽约城市大学一个规模为1400万美元的基金捐资。这个基金由著名新闻系教授杰夫·贾维斯（Jeff Jarvis）管理，旨在增加对新闻业的信任，打击假新闻。[22]

我不知道纽马克会不会认同卡内基那种很严格、必须自立自助的信条，但他肯定认同卡内基把财富交还给社会的做法。F．司各特·菲茨杰拉德（F. Scott Fitzgerald）写过一句有名的话："美国人的生命里没有第二幕。"但是这句话用在成功的技术企业家身上就完全错了。硅谷需要更多的克雷格·纽马克们把生命第二幕投入脚踏实地的项目上，去赢得未来。

空间之外的视角

为了躲避硅谷猛涨的房租和总堵车的问题，许多湾区居民都逃到了海湾大桥的另一端，住到奥克兰。这个工业港口现在正在转型，不仅将成为湾区最有活力的城市，还可能成为湾区的良心。

"远方那里没有远方"，二十世纪初的美国作家格特鲁德·斯坦因（Gertrude Stein）关于家乡奥克兰说过这句名言。那时，奥克兰还是个初具雏形的工业城市，与今天的硅谷隔湾相望。

你应该还记得，休·普莱斯说过，哲学上追求一个阿基米德之点，一个权威的"空间之外的视角"——站在这个视角，不仅可以客观观察世界，还可以改变世界。二十一世纪初的奥克兰也许就提供了这样一个视角。奥克兰是个绝佳的地方，不仅提供了可以诚实评价硅谷的角度，也正在吸引投资人、技术专家和初创企业来到这里，建设对社会更负责任的生态系统。

二十世纪八十年代我第一次到东湾，来加州大学伯克利分校上学。

当时奥克兰大部分地方看着就像交战地区，特别是受到严重破坏的市中心百老汇路的老派拉蒙剧院周边区域。这家剧院有三千五百个座位，装饰派艺术风格，但是1970年关闭了。这片区域到处是烧毁的建筑，用木板钉上门窗的商店和办公室，破败的工厂和犯罪猖獗的街道。而今天，同样冷清又死气沉沉的爱沙尼亚和新加坡变成世界数字创新的中心，奥克兰的市中心也改头换面了。创新企业、创新的人、创新的想法，让这个衰败的工业区变成美国连通性最高的文化和经济中心之一。但在奥克兰，和旧金山湾区其他地方特别是硅谷不一样，不是来这里的每个人都想变成技术亿万富翁。

今天，帕拉蒙剧院周边区域已经改名为上城区，一派热闹繁忙景象。华丽的老剧院1931年完工，当年是西海岸最大的电影院，如今已经被改造成为非营利剧场，供奥克兰东湾交响乐团和奥克兰芭蕾舞团演出。卡内基在世纪交替之时修建的奥克兰图书馆也在上城区，如今已经被改造成为非裔美国人博物馆和图书馆。上城区到处都是时髦餐馆、工业风的开敞空间、技术初创企业区，还有城区重建成功的各种各样的配套设施。从剑桥大学三一学院大厅——这幢建筑保留了十六世纪样貌，其文艺复兴时期建筑的特征在过去五百年几乎没有改变——到奥克兰的上城区，真是天差地别，后者在过去十年间已经改头换面。

旧城振兴最令人印象深刻的例子，就在派拉蒙往北几个街区百老汇路和二十一大街相交的路口，这是一栋经修复的三层楼建筑，这里正在绘制一幅如何治愈未来的地图，可以说它的重要性超过了湾区的任何建筑。二十世纪二十年代至二十世纪末，在这座被遗忘的城市的衰败城区，这栋建筑不过是一栋无名办公楼罢了。但是到了2012年，这栋空楼被两位技术界最有创新精神的思想者买下，新的技术生态系统开始从这里生发，它也许会像十九世纪末卡内基的图书馆一样，给今天的社会创造巨大的价值。

在《互联网不是答案》一书中，我写过旧金山市区一栋四层楼的私人俱乐部，叫作Battery，这个俱乐部虽然号称包容开放，事实上却是个极其排外、令人厌恶的绅士俱乐部，只接待技术界精英人士，而且基本都是年轻富有的白人男性。Battery和自己号称的一切相反，而奥克兰市中心眺望海湾的这栋四层楼建筑却正符合Battery号称的一切。买下这栋楼并改造的是米奇·卡普尔（Mitch Kapor）和妻子弗丽达·卡普尔·克莱恩（Freada Kapor Klein）。米奇·卡普尔创办的软件巨头Lotus 1995年以35亿美元的价格被IBM收购；卡普尔的妻子长期起来一直是技术活动家和改革派。这里既是风投公司，也是技术活动家聚会的非营利中心，也为本地学生和有抱负的商界人士提供资源，还是包容的社区中心、餐厅和咖啡馆。

这栋楼总面积4500平方英尺，经过两年的装修，于2016年7月开张。改建时完全拆除了旧办公楼的内设，打通为宽敞明亮的四层楼工作空间。设计师在装修设计中融合了“高科技和人本主义”，打造出卡普尔技术与社会影响中心（Kapor Center for Technology and Social Impact）的办公室。米奇和弗丽达·卡普尔创设的三个项目都在这里办公：卡普尔资本（Kapor Capital）、卡普尔社会影响中心（Kapor Center for Social Impact）和公平竞争环境研究所（Level Playing Field Institute），三个机构的目标都是用技术造福社会。

这三个机构都不是新成立的。卡普尔社会影响中心有十年的历史了，是一个非营利机构，主要在奥克兰开展项目，增加多元的技术创业公司，让获取资本更容易，改善 STEM（科学、技术、工程和数学）教育，以解决社会和经济不公问题。公平竞争环境研究所 2001 年由弗丽达·卡普尔·克莱因成立，是一个人才输送项目，通过奥克兰开展夏季数学科学荣誉课程（Summer Math and Science Honors，简称 SMASH），帮助贫困的本地孩子进入技术企业。卡普尔资本是一家种子阶段的投资基金，对营利和非营利技术初创公司都投资。2015 年到 2017 年，针对促进少数族裔机会的教育项目已投资 4000 万美元。这 79 个投资项目中，44 个（59%）项目创始人是女性或有色人种；首次投资项目中，42% 由女性创立；28% 的项目创始人是少数族裔。硅谷那么多初创公司对社群没有明确的贡献，与之相比，卡普尔资本所有投资对象都有明确的社会目的。比如说 Pigeonly，创始人弗雷德里克·哈特森（Frederick Hutson）曾入狱，他创办的机构可以帮助囚犯从狱中给外界打电话。还有 Phat Startup，这家公司帮助旧城区认可城市文化的年轻人成功发展自己的技术事业。还有 Honor，是一家老年看护初创公司。还有 BeneStream，这是一家医疗技术企业，帮助员工解决与《合理医疗费用法案》（*Affordable Care Act*）相关的各种官僚主义的复杂手续。

硅谷对自己对周遭世界的破坏总是一副事不关己的恶劣态度，但卡普尔网络的三个机构一起在东湾形成了和硅谷抗衡的力量。“你知道，在大桥另一头，有初创企业在努力帮富人解决问题。我们的目的就是让奥克兰成为帮其他人解决问题的中心。”卡普尔资本合伙人本·杰勒斯（Ben Jealous）说。他是美国全国有色人种促进协会（NAACP）前首席执行官兼总裁，也是美国一位技术、政治和商业界的重要思想家。“我们要让奥克兰的技术产业更发达，也要给技术打上奥克兰的烙印。”[23]

2016 年 12 月一个有阳光的早晨，我去奥克兰上城区百老汇路拜访新卡普尔中心。临街的前门上贴着加州新参议员卡玛拉 · 哈里斯（Kamala Harris）的话。此时奥克兰，乃至整个湾区，都还没从一个月前唐纳德 · 特朗普当选总统的消息中缓过来，所以需要提醒大家，世界并没有在 2016 年 11 月 8 日毁灭：哈里斯的话是——我们不该不知所措，也不该绝望。现在是卷起袖子为我们的信念战斗的时候。

卡普尔中心里战斗正酣。卡普尔资本在举办技术初创公司的黑客马拉松，主题是为穷人创造工作机会。新楼地下的报告厅里满是年轻技术创业者和卡普尔的管理层，包括米奇 · 卡普尔、本 · 杰勒斯、弗丽达 · 卡普尔 · 克莱因，还有最新加入的合伙人、风险投资人鲍康如（Ellen Pao）。2015 年，她打了一场备受关注的官司，起诉硅谷蓝筹公司凯鹏华盈（Kleiner Perkins Caufield & Byers）性别歧视。顺便一提，这就是已经去世的汤姆 · 珀金斯（Tom Perkins）联合创办的那家公司，这位技术投资人、亿万富翁说话难听，可谓臭名昭著，2014 年他致信《华尔街日报》，直接把改革派人士比作纳粹。

卡普尔中心黑客马拉松的 10 万美元奖金被来自芝加哥的年轻女孩蒂芬妮 · 史密斯（Tiffany Smith）抱走。她在西北大学读 MBA，创立了营利公司 Tiltas，是一个在线社交平台，帮助每年出狱的 65 万人——她把他们称作“刑满释放人员”——获得工作机会。史密斯已经在芝加哥西北一所监狱做试点，她告诉我说，创办 Tiltas 的原因，是自己有刑满出狱的朋友，出来之后发现根本不可能找到工作。黑客马拉松的参赛项目还有某些应用程序，旨在去除招聘过程中的偏见；某个平台，帮助雇主给新岗位建立多元申请人库；某组工具软件，帮助初创公司给员工开出真正公平的工资；还有某移动平台，帮助传统企业和独立劳工联系对方，安排轮班工作，按小时付费。

黑客马拉松结束后，我跟弗丽达·卡普尔·克莱因碰了面。她和丈夫米奇已经逐渐成为反对硅谷镀金时代种种恶劣行径的事实上的代言人——可以说是数字革命的良心。比如说，她很早就投资了优步，优步对待女性员工的方式引发了诸多争议，她一直直言不讳地批评。2017 年 2 月，一位女性优步前工程师发布了一篇博文，曝光该公司内部系统性的性别偏见和性骚扰现象，被广为传播。卡普尔·克莱因和丈夫米奇在此事发生后甚至写了《致优步董事会及投资人公开信》，抨击该公司的文化“有毒”。这封信发出后在网上病毒式传播。[24]500 Startup 首席执行官戴夫·麦克卢尔长期蓄意骚扰女性创业者的行为被揭露之后，米奇·卡普尔身为 500 Startup 投资基金之一的有限合伙人，公开声明有意从该基金收回投资。[25]“技术界必须改变，”关于优步的恶劣文化，TechCrunch 著名记者乔什·康斯丁（Josh Constine）写道：“更多像卡普尔夫妇一样的人必须站出来推动改变。”[26]

卡普尔·克莱因好像每次公开露面的时候都带着自己的狗达德利，这次也是。她告诉我自己出生在一个活动家家庭，在洛杉矶长大，二十世纪七十年代初，反主流文化正盛时，她来到加州大学伯克利分校读书。1984 年她到 Lotus 工作，岗位描述是打造“美国最进步的雇主”。在 Lotus 的时候，她合创了性骚扰调查组，这在美国开了先河。1984 年 Lotus 举办了艾滋徒步，她是幕后推手——Lotus 是第一家把品牌和抗击艾滋病联系在一起的美国企业。

我问她，技术界在 1984 年到 2016 年间有什么趋势，导致他们最后创办了卡普尔中心。

“向前进了很多步，”她承认道，“然后又倒退了几大步。”

她说，这“几大步”包括硅谷以“追逐私利”的态度很坚定地相信自己是“完美的精英管理”。硅谷没有人意识到，自己身处人类历史上最富有的泡泡中，是由于不可思议的运气。“一点儿谦卑之心也会大不同。”她这样评价海湾那头年轻又享受优待的人，包括萨姆·奥尔特曼。

她说，硅谷完全缺乏同情心。特别是几乎全部是白人男性的管理层，没有为技术繁荣带来的“始料未及的后果”负起责任来——特别是收入不平等、无家可归现象、某些少数族裔为主的群体在经济上十分困难，导致旧金山半岛像十九世纪那样，出现了赤裸裸的不平等，令人震惊。

我问她，她跟米奇与硅谷的其他富豪有何不同。当然了，他们投资了数千万美元建设卡普尔中心。但是这不只是钱的事。比较一下，从理论上说，扎克伯格也捐了450亿美元的个人财产给“慈善”。而且每个谷歌大佬，甚至是优步前首席执行官特拉维斯·卡拉尼克这样的兰德式人物，说到尊重少数族裔和女性权利的时候，话也说得非常漂亮。但是卡普尔·克莱因在奥克兰的工作，特别是卡普尔中心在跟当地社区合作建设人际网络，这比起扎克伯格华而不实的利他主义看上去真诚得多。

“我为什么要相信你们呢？”我问。

“我们没有忘掉自己的初心，而且换到不一样的环境里生活。”卡普尔·克莱因说，他们对这个雄心勃勃的计划是下了决心的，他们从旧金山富人区太平洋高地的豪宅搬了出来，已经住到奥克兰杰克·伦敦广场的一处公寓，离百老汇路的办公室只有一英里。

“相信我们”，她表示。而且我的确相信她。当然，我对她的信心远超对谢尔盖·布林、杰夫·贝索斯或马克·扎克伯格的信心。弗丽达·卡普尔·克莱因、米奇·克莱因、本·杰勒斯和鲍康如四人，和他们的团队一起建设卡普尔中心，设立卡普尔资本，对蒂芬妮·史密斯的Tiltas这样对社会有价值的初创企业投资，他们的做法是极其有价值的。当然，不可能一夜之间就治愈未来。但是卡普尔中心正在种下一粒反主流文化的种子，有朝一日它将在东湾爆炸性增长，与硅谷既无同情心也无责任心的新统治阶层分庭抗礼。

该中心正在给不同于硅谷的创新生态系统奠定基础，卡普尔·克莱因告诉我，她的SMASH暑期课程已经连续毕业了十三批学生，他们来自低收入贫困家庭，都进了大学。其他的创新网络也在奥克兰形成，用米奇·卡普尔的话来说，目标是“独辟蹊径做技术”。其中包括Hack the Wood，这个组织雇用低收入有色族裔年轻人建设小型网站，为他们进入技术行业打好基础。还有Black Girls Code，专门帮助年轻女性提高STEM技能。2017年2月，卡普尔中心和奥克兰市政府启动了奥克兰初创网络（Oakland Startup Network），为本地技术创业者提供支持。该项目获得了颇具声望的考夫曼基金会（Kauffman Foundation）支持，该基金会正在把奥克兰打造成多元创业的样板，并在其他社区复制该模式。

在2017年的奥克兰，一场道德的技术运动初见端倪，与海湾那头的硅谷形成鲜明对比。奥克兰在这场运动中的角色正像是二十世纪七八十年代东湾邻市伯克利在健康食品经济发展中的角色。你应该还记得，战后的美国人吃的几乎都是加工食品，同质化而且不健康。1971年，六十年代知名的政治活动家爱丽丝·沃特斯（Alice Waters）

在伯克利开了一家叫潘尼斯之家（Chez Panisse）的餐厅，这家餐厅注重慢烹调，食材都是本地生产、从本地市场采购的有机食品。之后，其他东湾居民，包括美食作家迈克尔·波伦（Michael Pollan），也纷纷加入沃特斯，将“伯克利食品运动”推广开来。如今，沃特斯和波伦提出的用新鲜高质量本地农产品烹饪的理念已经成为主流，因此 2017 年亚马逊以 130 亿美元收购了有机食品连锁超市全食公司（Whole Foods）。让我们期盼，在未来几年，米奇和弗丽达·卡普尔的“独辟蹊径做技术”理念也能同样广泛传播。

你应该还记得古希腊数学家阿基米德的“空间之外的视角”：“给我一个支点，我就能撬动地球。”卡普尔中心和本地伙伴网络正在合作，共建和硅谷不同的生态系统，这正是在创造一个支点。当然，奥克兰和卡普尔中心都不是唯一这样做的。比如，前美国在线首席执行官史蒂夫·凯斯正在通过他的 Revolution Ventures 基金，将社会投资的理念推广到全美。美国各地都有相似的创新企业家在建设和硅谷不同、更有社会责任感的技术生态系统。凯斯介绍给我认识的一位年轻社会创业者让我特别印象深刻，他叫罗斯·贝尔德（Ross Baird），是华盛顿 Village Capital 的创始人，该基金的主要投资对象也主要是由少数族裔和女性经营的技术初创公司。

但是，因为独特的地理和历史，奥克兰仍然独特。距离格特鲁德·斯坦因关于家乡说出那句无情的话已经百年，旧金山湾这边这座城市已经不一样了。现在，远方已经有了远方。从老派拉蒙剧院往北几个街区，你就能在上城区找到远方。

第九章　劳动者和消费者选择

罢工

从地图上看，硅谷到好莱坞并不远。我现在要去好莱坞“六大”电影公司之一——二十世纪福克斯（20th Century Fox）的摄影棚。从旧金山飞到洛杉矶只需五十分钟，然后乘出租车走一小段路，往比弗利山庄西边几英里就到了世纪城（Century City），二十世纪福克斯制片厂就在这里。这里最初是洛杉矶三百英亩的农田，福克斯电影公司（Fox Film Corporation）1916年开始开发。

但地理距离有时只是错觉而已。除了地理距离，从其他任何方面来看，硅谷的技术专家与好莱坞的内容生产商之间都相去甚远。2017年，资深技术作家迈克尔·马龙（Michael Malone）说，双方的关系“濒临崩溃，似乎是矛盾不可调和导致的后果”。[1]马龙解释道，长久以来的问题，比如盗版，已经在好莱坞和谷歌之间“导致了不信任”。但是，最大的问题，如马龙所说，是大技术企业取得了“前所未有的成功”，而电影制片厂却遇到了经济上的困难。“好莱坞按照当前规则绝无胜算”，马龙这样评价被亚马逊、谷歌、YouTube和苹果等公司垄断的数字内容发行新系统。马龙这个悲观无望的结论，也可以用来说硅谷对其他创意产业的影响——特别是唱片业，过去二十五年间，其全球收入已经腰斩。

我的出租车沿着弯曲的道路穿过二十世纪福克斯的摄影棚，经过一个个拍摄场地，都是好莱坞电影的布景。甚至有一个场地是铺鹅卵石的街道，像是十九世纪工业时期的纽约市——就是那种遍是污垢的城市场景，可以想象罢工的服装工人或肉类加工厂工人就在这样的街道上和资本家雇来的暴徒对峙。在好莱坞，十九世纪的街道确实都是二十一世纪的事物。

我来世纪城要见的是电影制片人、音乐承办人、企业家乔纳森·塔普林，我十九岁时，从二十世纪九十年代中期就跟他认识了，那时他创办了 Intertainer，是互联网第一家视频点播平台。我们坐在福克斯餐厅外面——这是好莱坞最老的员工餐厅，过去八十年里，许多影星来过这里用餐，包括玛丽莲·梦露、伊丽莎白·泰勒，还有理查德·伯顿。餐厅最初的名字叫 Café de Paris（巴黎咖啡馆），兼作餐厅布景，这是一幢装饰派艺术风格的建筑，现在仍然保留着一组 1935 年的壁画原作，画中人是秀兰·邓波儿和威尔·罗杰斯。

在这样戏剧化的布景中，塔普林要告诉我的话也同样的戏剧化。很多人认为，YouTube 的商业模式剥削了创意产业，后者如何回应？“你要发誓不能告诉任何人，”他向我吐露说，“这是个绝对的秘密。现在谁都不知道这件事。”

“绝对的，乔纳森，”我回答，并开玩笑地把手放在心口上，“我跟谁去讲呢？”

乔纳森·塔普林在洛杉矶工作，连续创办了数家企业。马丁·斯科塞斯 1973 年取得突破的经典影片《穷街陋巷》（*Mean Streets*）就是由他担任制作人的。他曾是鲍勃·迪伦早期的巡演经理人，也是乔治·哈里森（George Harrison）“孟加拉国义演”的经理。他主张数字革命已经引发了“大规模再分配”，每年有500亿美元从创意产业流到了YouTube和脸谱网这些赢家通吃的大企业腰包里。和弗丽达·卡普尔·克莱因一样，针对硅谷的反对声日益高涨，塔普林也是中心人物之一。和这位在奥克兰的技术活动家一样，他也在二十世纪六七十年代积极参加了反对越战活动和民权运动。但是，卡普尔·克莱因的目标是建设新的投资生态系统对抗硅谷，相比之下，塔普林的做法更直接，用政治手段。2017年他出了一本书《快速行动，打破成规》（*Move Fast and Break Things*），书名借用了脸谱网创始人扎克伯格出名的理念，那就是尽可能搞破坏，造成任何损害概不负责。塔普林最犀利的批评针对的是硅谷的自由主义意识形态，硅谷把自由市场奉为圭臬，正是这种理念让新经济剧烈地打破了旧的商业模式和经济实践。塔普林已经成为非正式的劳工组织者，鼓励音乐人和电影制作人抵抗这些有争议的新模式、新做法。

“这是艺术家的罢工。”塔普林继续道，压低了声音好像在密谋什么一样。我们要是坐到二十世纪福克斯那个十九世纪纽约布景里，就更像在重现产业工人密谋跟资本家斗争的场景了。塔普林说的是音乐人将对YouTube的盈利方式展开全面罢工，这家公司的做法很有争议，付给艺术家的费用只有苹果和Spotify所付的六分之一。罢工会仿照泰勒·斯威夫特（Taylor Swift）的做法，2014年，她从Spotify撤下了自己几乎所有的歌曲，2015年她决定从苹果音乐撤下自己最畅销的专辑《1989》，因为新上线的苹果音乐打算在前三个月都不给艺术家们付任何费用。[2]

过去几百年里，罢工是员工迫使雇主改善工作条件、提高工资的最有效手段之一。如果我们回到十九世纪末二十世纪初的纽约就会看到，罢工常常引发工人和当局之间致命的暴力。1877年夏季，纽约市民站出来支持国家铁路工人罢工，因为害怕发生无产阶级革命，当局派出了国民警卫队，警卫队面对抗议者的方式是枪支和棍棒。1886年，有轨电车售票员罢工，要求十二小时工作日和晚餐休息时间，遭到警察毒打后，将电车点燃。最臭名昭著的是1909年，那年发生了美国历史上最大规模的一次罢工，纽约三角女式衬衣公司（Triangle Shirtwaist Company）的女式服装工人要求缩短工作时间，提高工资，保障安全。为了打击罢工，私家侦探组织了工贼，厂主雇来妓女，让他们与罢工工人打了起来。在第七大街上，工人们挤在库柏联合学院（Cooper Union college），群情激昂支持克拉拉·莱姆里奇（Clara Lemlich）对示威者的讲话。这个瘦小、黑眼睛的女孩被打断六根肋骨，她高呼："这不是罢工！这是起义！"

泰勒·斯威夫特当然不是克拉拉·莱姆里奇，论勇敢行为还是论经济需要都不一样。但是在本质上，斯威夫特把作品从Spotify撤下，与莱姆里奇拒绝为三角女式衬衣公司工作，这两者并无本质上的不同。在两种情形下，劳动者都万不得已，为了改革系统从市场上收回自己的劳动。两件事中，她们都采用了我们所提的五大方式之一，不仅治愈自己的未来，也是在为将来一代代工人和艺术家的未来斗争。

我写到这里是2017年6月，塔普林说的艺术家全面罢工——将作品从YouTube、Spotify和其他流媒体网站大规模撤下——还没有发生。但是全球知名的创意艺术家，特别是音乐人，发挥重要的角色作用，能提高公众认识，帮助他们看到YouTube主导的娱乐经济是多么不公平。2016年6月，我和塔普林在世纪城见面几个月后，一千个世界知名的音乐表演团体——包括Abba、酷玩乐队（Coldplay）、艾德·希兰（Ed Sheeran），还有Lady Gaga——致信欧盟委员会主席让－克劳德·容克（Jean-Claude Juncker），声讨YouTube正在从艺术家和词曲作者手中“不公平地抽走价值”。[3]九尺钉（Nine Inch Nails）创始人特伦特·雷兹诺（Trent Reznor）说，YouTube“是建立在免费、偷来的内容之上的”。

同一个月，一百八十名艺术家，包括泰勒·斯威夫特、保罗·麦卡特尼（Paul McCartney），还有卡罗尔·金（Carole King），也签署了一份请愿书，要求修改《数字千年版权法案》（*Digital Millennium Copyright Act*，简称DMCA），在美国该法律为YouTube等大型互联网企业提供“安全港”，只要按照版权所有人要求将内容下架，就不用承担侵犯版权的责任。脸谱网、YouTube、推特、Instagram上出现冒犯性、虚假或盗版内容，引发了诸多关于这些平台责任的争议，许多争议核心都是DMCA的安全港条款。该条款无意地为这些企业提供了保护，让它们不用为平台上非法内容负责，按照该法律，脸谱网或YouTube这些价值数十亿美元的网络出版商本质上不被视作“出版商”。

DMCA中这条有争议的条款如下：“交互式计算机服务的提供者或使用者，就其他信息内容提供者提供的任何内容而言，不应被视为内容的出版人或发表人。”

《快速公司》（*Fast Company*）杂志的克里斯托弗·扎拉（Christopher Zara）把DMCA称作“最重要的技术法律”，他说该法律已经变成了“特权的保护伞”，因为按照该法律，网站无须为第三方发布的非法内容负法律责任。[4]互联网历史专家约翰·诺顿解释说，DMCA放大了互联网的问题，是一部导致意想不到的负面后果的典型法律。诺顿说，正如1920年到1933年期间，美国实行禁酒令导致有组织犯罪大幅上升；DMCA导致了“仇恨言论、骚扰、霸凌、色情复仇、假新闻和其他对数字技术的滥用行为层出不穷，令人震惊”。[5]是的，DMCA的意思是快速行动，打破成规。是的，用网站上发布的所有内容营利。但是不是，不用担心这些内容导致什么后果，因为按照该法你不用为任何内容负责。

诺顿所说的“其他滥用行为”主要是在网上发布和交流非法内容，主要是盗版内容。塔普林这样的艺术家认为互联网正在引发财富“大规模再分配”，从创意群体流到硅谷的腰包里，对这些艺术家来说，对DMCA的反对之声已经成为战斗口号。2016年6月艺术家的请愿书登载在华盛顿出版的报刊上，包括《政客》(*Politico*)、《国会山报》(*The Hill*)和《点名报》(*Roll Call*)。信中主张，DMCA让“大技术企业给消费者带来方便，只需要一部智能手机，就可以把历史上几乎所有唱片歌曲都装在兜里，企业借此扩张、赚取巨额利润，同时词曲作家和艺术家的收入却在不断下降”。[6]

其他艺术家，包括凯蒂·派瑞（Katy Perry）、克鲁小丑（Mötley Crüe）创始人之一尼基·赛克斯（Nikki Sixx）和二十世纪七十年代新浪潮乐队金发女郎女队（Blondie）主唱黛比·哈利（Debbie Harry），都直言不讳地表示DMCA需要改写。黛比·哈利说，问题就在于DMCA存在“漏洞”——法律中“无法执行”的条款让YouTube运营大量非法内容，又“不付给艺术家适当的报酬”。哈利说，金发女郎乐队的视频在YouTube上有几亿次点击，“我们乐队成员却没有一人从这么多次播放中得到公平的版权费”。[7]

进步时期的纽约，罢工的服装工人与厂主雇来的恶徒在街头对峙，相比之下，明星抵制 DMCA 和 YouTube 的做法并没有同样的戏剧效果。但明星的做法确实是网络时代新的产业运动——多重策略共同出击，包括直接政治参与、树立联盟、对立法和监管机构施压，以及发出有力威胁，如果其他方法失败，就集体抵制。

反对谷歌和 YouTube 商业霸权的其他联盟也在打抵制这张牌。谷歌和 YouTube 会自动把在线广告和冒犯性内容放在一起，包括煽动反犹主义情绪或宣扬“伊斯兰国”（ISIS）和索马里“青年党”（al-Shabaab）的视频。对于这种做法，广告行业越来越恼火。这些有钱有势的大公司对自己网络上的内容拒绝负责，这又是一例。广告业面临的这个问题，真正最令人不安的是，谷歌和 YouTube 本质上说，是在从公然提倡种族主义和暴力的视频，以及其他令人反感的不宜内容中赚钱。

2017 年 3 月，数家蓝筹股公司——包括麦当劳、欧莱雅、大众、奥迪、沃达丰（Vodafone）、天空广播公司（Sky）、汇丰银行、劳氏（Lloyd’s）和苏格兰皇家银行（Royal Bank of Scotland）的英国分公司——暂停在谷歌和 YouTube 投放广告，因为这些公司的广告出现在仇恨言论和前 3K 党头目戴维 · 杜克（David Duke）的视频页面上。[8] 世界营销企业中排名第六的法国汉威士广告公司（Havas）甚至将其英国客户的所有广告从谷歌撤下，意在逼迫谷歌更认真地监督自己平台上的内容。欧洲企业抵制的消息见报几天后，几家美国大广告主，包括星巴克、AT&T、沃尔玛、威瑞森（Verizon）和强生（Johnson & Johnson），也加入了抵制行列，宣布不再通过谷歌投放广告，除非谷歌改进广告体系，并对内容负责。[9]

这些举动背后是苏铭天（Martin Sorrell）爵士毫无保留的支持。

苏铭天是世界第一大营销公司WPP的首席执行官，他说谷歌和脸谱网有“和任何媒体公司一样的责任”，不能“伪装”为自己只是技术平台。[10]过去数年里，我跟苏爵士长期讨论过大企业责任的问题，他的话非常中肯。不仅是谷歌和YouTube，还有脸谱网、Instagram、Snapchat，以及其他很多硅谷公司，根本问题在于这些公司不肯长大，不想承担起媒体公司的复杂责任来。这样的责任意味着不仅要保证平台内容不是偷来的、不是仇恨言论，还要保证广告主的内容不和冒犯性或非法内容掺和到一起，导致玷污广告主的品牌。

各个行业联盟——从愤怒的音乐人到不信任平台的广告主和营销公司——做的工作至关重要。除非这些私有超级大公司受到政治和商业压力去改变自己的行为和商业模式，否则一切都不会变化。如果压力足够，它们就会改变；如果压力不够，就不会。因此，2015年，泰勒·斯威夫特威胁抵制苹果音乐不到24小时，苹果就改变了政策，承诺就网络播放向音乐人付费，甚至在消费者免费试听期间也照付不误。当苹果音乐宣布新政策时，甚至主管艾迪·库伊（Eddie Cue）还在自己的推特上道歉。

“我们听到你们的声音了，@taylorswift13和各位独立音乐人。爱你们的，苹果。”斯威夫特威胁要抵制苹果音乐第二天，库伊发推说了上面一句。

2017年3月广告业宣布抵制YouTube后，谷歌首席商务官马上宣布要“扩大保护措施”保护广告主，包括“大幅增加人手”执行通知及下架程序，已经用人工智能加快对冒犯性内容的标记速度。[11]该次抵制后，谷歌还添加了第三方“品牌安全”特性，让客户可以追踪自己的广告出现在YouTube的位置。[12]之后，2017年6月，谷歌法律总顾问宣布，YouTube 将新增四步措施打击网络恐怖内容，包括加大力度识别并下架明目张胆的冒犯性内容，让广告主加强控制广告出现的位置，以及隐藏存疑内容，防止利用该内容盈利，以及防止页面自动推荐播放。[13]

虽然有的广告主对谷歌政策变化持怀疑态度，但是抵制结果显示，只要施压，谷歌和 YouTube 至少会尝试解决问题，负起更多责任。世界第一大在线媒体购买商——WPP 旗下群邑（Group M）的首席数字官罗伯·诺曼（Rob Norman）承认，的确，过滤不宜内容是个“复杂的问题”，难度堪比“穿针引线”。“但是他们是世界上领先的科学公司，”他说，“要说谁能做得来这事，那也只能是他们。”[14]

鉴于目前十个人中有六个人的新闻来源是社交媒体，脸谱网也因为不愿意为自己网络上发布的内容负责而遭到严厉批评。假新闻泛滥这个问题受到特别关注，面对众多批评者，马克·扎克伯格否认脸谱网对唐纳德·特朗普当选有责任。“不，我们是一家技术公司，不是媒体公司。”2016 年 11 月总统选举之后，扎克伯格马上声明。[15]但是，不管扎克伯格再怎么否认显而易见的真相，正如我先前所说，脸谱网大力解决假新闻问题，正表明其是一家最典型的媒体公司。2016 年 12 月，脸谱网宣布将和独立事实审核员合作，将推送中的假新闻过滤掉。2017 年 3 月，脸谱网启用第三方事实审核工具，提醒用户某些推送是“争议内容”[16]——几周后谷歌也启用了该特性。[17]之后，2017 年 4 月，德国总理安吉拉·默克尔批评假新闻可能带来危险的政治后果，在德国有 2900 万用户的脸谱网甚至买下德国最大的报纸的整个头版，解释自己会如何应对假新闻。[18]

抵制、政治压力、公共批评，甚至是威胁罢工，都能迫使硅谷企业尝试解决自己带来的恶果。如群邑的罗伯 · 诺曼所说，这些问题解决起来不容易，而且也没有简单的答案。但是要说有谁能解决假新闻以及冒犯性内容与广告并列的问题，也只能是脸谱网和谷歌。但是要让它们着手解决，只能是靠威胁它们的盈利。这些价值数十亿美元的大企业，如果收入面临损失，就会行动，负起更多责任来。不然的话，它们不会有反应。

因此，挑战，我们的挑战，就是将与这些问题有关的对话保持下去，让每个人——从广告主，到政府，到消费者——都意识到当前的系统是多么不负责任。但是这样做需要极大的坚持，特别是现在对话才刚刚开始而已。这要求特别疯狂的人站出来，以一己之力对抗一个数十亿美元的产业。

性、毒品和莫尔定律

一般说来，摇滚明星下了舞台绝不是抵抗强权的反叛者。但是戴维 · 洛厄里（David Lowery）和大部分摇滚乐手不一样。他是位吉他手、词曲作者、歌手，建立了二十世纪九十年代的摇滚乐队 Camper Van Beethoven 和 Cracker。他不只是唱革命的事，而是站到攻城的墙头，领导革命颠覆新的旧制度。

洛厄里是真正的反叛者——他疯狂到会以一己之力对抗一个数十亿美元的产业。《纽约时报》说，他“已成为数字时代愤怒音乐人的代表”。[19] 用乔纳森 · 塔普林的话来说，引发这种愤怒之情的原因是财富“大规模再分配”，不仅给硅谷创造了不可想象的巨富，更是导致过去十五年间全球唱片销量锐减一半不止，从 1999 年的 146 亿美元下降到 2015 年的 70.2 亿美元。

确实，商业模式和行业都会变，没有什么能长久，特别是在今天这个数字变动的时代，熊彼特的风暴永无休止。确实，Spotify、苹果音乐、YouTube 和 Rhapsody 等流媒体公司——目前总共占总销售额的 34.5%——在过去几年获得成功，似乎阻止了唱片业的死亡螺旋。例如，2015 年到 2016 年，美国流媒体音乐总量增长了 68%，订阅服务收入增长了 114%，达到 25 亿美元。[20] 但是这种新的商业模式下，只要按月付订阅费用，就可以在线想听多少音乐听多少音乐，虽然对消费者来说很好，对音乐人来说却根本不是个好办法。

黛比 · 哈利、凯蒂 · 派瑞和 Lady Gaga 都指出，问题在于很多在线音乐播放平台，特别是 YouTube 和 Pandora，付的版权费少得可怜。所以，《纽约时报》这样评价在线音乐播放市场："音乐行业为零头争来争去，却跟大钱说了再见。"现状扭曲到何种程度：高利润的黑胶唱片利基市场给音乐产业带来的收入超过了 YouTube 上数十亿次播放带来的收入。《纽约时报》总结道："在向流媒体转型过程中，音乐行业的损失以十亿计。"[21] 戴维 · 洛厄里在一篇博客中，以惯常的尖酸刻薄语气说："我的歌在 Pandora 上播放了一百万次，只得到 16.89 美元，还不如我卖件 T 恤赚的钱多！"[22]

洛厄里也在佐治亚大学教授音乐经济学。他已经成了愤怒的音乐人的代言人。2012 年在旧金山音乐技术峰会上，[23] 他发表了题为"来见过新老板，比旧老板还差劲"的演讲，《公告牌》杂志说这次演讲"如今已出名"，从这次演讲开始，洛厄里便正式启动了第二事业，直言批评互联网大企业。自此以后，洛厄里一直不屈不挠地打着这场一个人的战争，抨击对象从 Pandora 和 YouTube 剥削性质的商业模式，到在线音乐盗版的不道德行为，不一而足。彭博资讯说，他是个"愤怒的摇滚歌手”，正在“以一己之力挑战整个在线音乐播放业”。[24]

和塔普林一样，戴维·洛厄里的目标也是让公众意识到，在这个不公正的新经济体系里，音乐家和词曲作者正受到无情地剥削。但洛厄里并不是一只牛虻，只会愤怒地围着新的数字集团嗡嗡叫。2015年底，他代表其他词曲作者，对价值80亿美元的瑞典流媒体服务商Spotify提起集体诉讼，起诉Spotify侵犯版权，涉及金额达1.5亿美元。依据基于洛厄里的精心调查，诉讼认定Spotify并未取得流媒体大部分音乐的机械复印许可。用洛厄里的话来说，Spotify是架“版权侵犯机器”，本质上就是窃取他这样的词曲作者的作品。[25]几个月后，他对Rhapsody提起了类似诉讼，要求该公司向相关词曲作者和艺术家支付费用。正如广告业抵制谷歌的做法一样，洛厄里也是在让这些流媒体公司为自己的行为负责。他迫使这些企业对这个被打破所有规则的行业负责。

虽然这两起诉讼还未判决，但是很多年轻人看了洛厄里的汹汹气势，相信自己也能改变体系。知名音乐律师克里斯·卡斯尔（Chris Castle）说，洛厄里的做法说明唯一要改变体系的办法是上法庭，至少在美国如此，因此“改变了对话”。卡斯尔常驻地是得克萨斯奥斯汀。他告诉我，“立法已经解决不了问题了”。唯一能够行使版权的人是创作者自己。卡斯尔表示，华盛顿没有守护天使，没有玛格丽特·维斯塔格这样的人可以帮他们。

索尼音乐全球数字业务总裁丹尼斯·库克尔（Dennis Kooker）同意卡斯尔的观点。“洛厄里打了基础，让艺术家可以安全地在中途加入维权。”我去他位于曼哈顿中城的办公室拜访时，他这样告诉我。他说，艺术家们特别需要发声表明DMCA安全港法律“有问题”，虽然他认为这方面的重大立法进展会来自欧洲。库克尔承认，虽然苹果音乐和 Spotify 的付费订阅量有所增长，但是对音乐行业，特别是对艺人来讲，经历了“残酷的十年”。而唯一的改变方法，就是有戴维 · 洛厄里这样的人通过政治途径努力。

我跟库克尔道别，走出富丽堂皇的索尼大楼，乘火车前往费城去见洛厄里。我要去的是离费城火车站几个街区之外的一个小型音乐表演场地，这里肮脏的窗户上贴着自制的鼓动性标语，表示在和数字音乐产业打仗。标语喊的是：要节奏不要算法，是社群不是商品，要管理不要代码。

我在费城见洛厄里时，刚好是他巡演的空当——匹兹堡的演出刚结束，克利夫兰的还没开始。我在演出场地附近一家喧闹的排骨馆子请他吃饭。他当晚要给一家私营企业的聚会表演两场。他告诉我，自己一般每年演出一百场，每年靠音乐赚 10 万美元——5 万是巡演收入，5 万是版权费，应该大部分都来自 1993 年 Cracker 乐队的《Low》这首歌，这是他唯一一首大热的作品。这就是摇滚生活的全部诱惑和财富啦。

“这门生意就是要出门上路，在尽可能多的场子演出，让博主写你，”他告诉我，“我失去的是中产阶级的稳定而已。”

洛厄里最特别的地方就是他在举止和外貌上都是个普普通通的美国人。他行事不合道理，这点却又合理得令人倍感踏实。要是好莱坞把他的奇特遭遇拍成电影，吉米 · 斯图尔特（Jimmy Stuart）又在世的话，由他来扮演这个普通人变成的反叛者再适合不过了。我问他为什么这么愤怒，是什么让他一手对抗 Spotify 和 Pandora 这些腰缠万贯的大公司？为什么投入那么多时间去拯救唱片业的未来呢？

“我奶奶说过，红头发的都是疯子，”头发已经几乎花白的洛厄里说，“大概因为我是爱尔兰或苏格兰血统吧。”

也许他的确是疯狂，但他也很聪明。2006年，洛厄里除了是个摇滚小明星，也是个量化分析师。他在芝加哥参加了一个聚会，在那里遇到了一个叫布拉德·基维尔（Brad Keywell）的人，带着纳西姆·尼古拉斯·特勒布（Nassim Nicholas Taleb）写的《黑天鹅》（*The Black Swan*）一书。这本畅销书讲的是几乎不可能发生的事件。他们俩聊了起来，结果像黑天鹅一样不太可能的事情发生了：洛厄里后来去给基维尔的初创公司做咨询，这是家特价电子商务网站，后来以高朋网（Groupon）一名著称。洛厄里的报酬以股份支付，2011年高朋网上市，为2004年谷歌上市后最大的IPO，洛厄里因此赚了一百万美元。

“这个网站上市的时候，值210亿美元。”洛厄里放下手上吃了一半的小排，举起一只手比画高朋网IPO的天价市值，“简直他妈的疯了。”

按照硅谷的说法，“去你大爷的钱”的意思是腰包里有几千万美元——参见彼得·西尔——可以想说什么说什么，想做什么做什么，甚至可以公开支持唐纳德·特朗普。但是戴维·洛厄里需要的只是买来自由的十万美元。你看，他从高朋网IPO中赚了一百万美元，却像是交什一税一样，拿出了十分之一来做好事。正是这笔钱，不仅让他能和Spotify还有Rhapsody打官司，还让他变成愤怒的摇滚歌手，去单挑整个流媒体行业。

“整栋楼都着火了。”洛厄里伤感地笑着说，他指的是流媒体行业模式兴起，消费者一个月只要付10美元就能听天下所有的唱片，“我的任务是扭转局面。”

但洛厄里承认——不管是建立艺人联盟，还是在法庭上跟技术公司斗，还是在互联网上破口大骂——都不是能够治好音乐行业未来的灵丹妙药，没有哪个办法能单独起作用。他说，一方面，现在的订阅服务没有给艺人足够的回报；另一方面，他仍然希望 YouTube 最终会把大部分内容从免费转成订阅模式。所以，订阅既是问题本身，也是答案。这完全取决于谁能获得多少回报。

但是有一点洛厄里很确定。他认为：“当前体系的存在危机正在到来。”他希望广告屏蔽带来这个结果，这点很讽刺。一旦每个人都开始用蒂姆 · 舒马赫的 Adblock Plus 这样的颠覆性服务——“大规模”地屏蔽广告，所有基于广告商业模式的公司，特别是 YouTube，将被迫向用户提供订阅服务。因此，最终市场和消费者需求将扭转音乐行业回到付费模式。之后面对的挑战就是保证，当某首歌播放一百万次的时候，艺人的回报不只是一件 T 恤的价钱。

如果基于广告的商业模式真如洛厄里所说，最终会倒掉，那到时我们就需要创新互联网企业，如彼得 · 桑德的微捐赠网络 Flattr。这样的企业让艺人和消费者之间建立更为个人化的商业关系。美国有创意平台 Patreon，荷兰有微支付新闻网络 Blendle，被称作新闻的 iTunes，Flattr 和这两家平台一样，不同于 Spotify 和 Netflix 这样的中心化商业模式，让艺人和新闻工作者和消费者建立直接的商业关系。布拉德 · 伯恩汉姆和蒂姆 · 博纳斯 – 李都说过网络的“去中心化”，上述平台是伯恩汉姆所说的“去中心化市场”。

“你花钱买什么，就得到什么样的经济。”洛厄里告诉我。但是他发现，年青一代的音乐爱好者已经认识到了内容付费的重要性。“我的学生就懂这个道理，”他第一次笑起来，“他们明白没有什么是真正免费的。”

《纽约时报》技术专栏作者法哈德·曼约奥和洛厄里一样，也对在线内容付费的再次兴起持谨慎乐观态度。“风向在变；在未来的人看来，我们这个年代可能不会是个衰败的年代，而是个复兴和重生的时代。”曼约奥说。他提到，2016 年，有 35 位艺人通过 Patreon 这样的去中心化订阅平台，每首作品赚了 15 万美元。

曼约奥暗示，互联网可能真正在“挽救”而非“扼杀”文化。[26]“我不用做巡回演出，不用在酒吧表演。”一位团体清唱歌手告诉曼约奥。他通过 Patreon 每月收入 2 万美元。“我能当好父亲，陪伴妻子。通过这种工作方式我的事业正常化了。这让做艺术的人也能过正常人的生活，以前从来不行。”[27]

这如果确如曼约奥所说是文化的复兴，那就得部分归功于戴维·洛厄里。他直接对战技术大企业，为艺人获得合理报酬而斗争，也许是所有活跃音乐人中最努力的一个。洛厄里正在迫使处在萌芽中的流媒体经济对自身负责，并促使它长大。

律师反击

戴维·洛厄里在费城演出的次日早上，我乘火车北上波士顿。我从自己在车站附近的酒店叫了辆优步，去利希滕和里斯－里奥丹(Lichten and Liss-Riordan) 的办公室。这家律所位于贯穿波士顿的商业大道博伊尔斯顿大街上。车几乎马上就来了，在我的苹果手机上，通过优步程序可以看到屏幕上的小车沿着道路快速移动，提醒我车子即将到达。对频繁出行的人来说，在国内国外，用优步和来福车这样的软件打车，真的非常方便便宜。像“免费”的YouTube视频或便宜得离谱的Spotify订阅费一样，打车服务好得不现实。很多这种数字新产品的确让人觉得哪有这么好的事，至少从劳动者角度来看的确如此——把自己的劳动提供给平台，平台给为它们创造核心价值的艺人或司机提供媒介。

过去一个世纪中，劳动者的意义已经发生了巨大改变。工业时代有“无产者”——许许多多在工厂做工赚工资的长期工。而在今天这个网络时代，随着贫富不平等加剧，出现了“不稳定无产者”——数量不断增加的不稳定就业者，他们或是通过爱彼迎出租空置的房间，或是通过Instacart送日用杂货，或是通过某个共享乘车平台接客，以此勉强谋生。网络经济下，劳动力安排体系正在经历巨变，预计到2020年，在网络经济中有40%的美国人都将成为不稳定无产者。[28]不幸的是，法律却未能以同样的速度改变，不能保护这些收入低、朝不保夕的劳动者不受优步等私有大公司的贪婪压榨。

2017年4月，《纽约时报》的社论关于兼职经济创业公司警告道：“这些企业发现，比起以往剥削工人的企业，它们可以利用软件和行为科学赚取更多的利润……因为雇员缺乏美国法律的基本保护。”[29]

我的优步司机是一位有礼貌的年轻人，来自巴基斯坦，开一辆纤尘不染的白色丰田普锐斯。他告诉我自己是兼职开车赚学费，他在波士顿大学读工程学研究生。我问他给这家价值700亿美元的公司打工感觉如何。优步创始人特拉维斯·卡拉尼克在2017年2月被人拍下来怒骂一位贫困司机，说他不够自力更生。司机的回答很矛盾。他承认，确实，他喜欢工作时间可以自己掌握的自由；但是开车的收入达不到自己的期待——特别是扣掉保险、油钱、折旧，还有其他开车的花销之后。他承认，事实上，生意少的时候，他怀疑自己赚的还达不到曼哈顿最低工资标准每小时十一美元。

“那优步什么福利也没有是吗？”我问。

“没，什么都没有。我是独立承包人，”他有点伤感地告诉我，“我是给自己打工的。”

优步是所谓共享经济或兼职经济的领跑者，信奉硅谷自由主义那套说法，支持绝对个人自由。优步说自己给人们赋能，让他们能够随心所欲，在喜欢的时间、喜欢的地点工作，而不必受到一般全职工作的约束。这个说法从某些角度是成立的，但是事实上，全世界七十个国家一百五十五万名优步司机却没觉得自己被赋了多少能。问题就在于兼职经济没有约束，是对双方而言的。的确，司机不用把所有的时间都拿来给优步干活，但是同时优步也不用对司机尽任何义务。这是经济日益不平等的典型表现，事实上，优步和来福车这些价值成百数十亿美元的企业，虽然收入极高，却不会跟劳动者分享任何财富。事实上，2017 年 7 月英国议员弗兰克 · 菲尔德（Frank Field）提交了一份报告，称为英国皇家邮政（Parcelforce）和 webuyanycar.com 工作的自雇英国司机中，一些人每小时只能挣 2.5 英镑。[30]

2017 年的这篇《纽约时报》社论称：“事实上，像优步、来福车、Instacart 和 Handy 这些公司不是乌托邦，劳动者经常受到操纵，不得不为了低工资长时间工作，同时又得不断地接新活。”[31] 这种“自由”的工作方式受到提供按需服务的公司，如自由职业平台 Fiverr 的赞美。对此，《纽约客》专职作者吉雅 · 托伦蒂诺（Jia Tolentino）直截了当地说：“兼职经济赞美的是把自己累死的工作方式。”[32]

我常常用优步打车，也能证实这些结论。为了给这本书做研究，我去了好些个国家，跟很多司机都讨论过优步的价值。对于这家硅谷公司，没有多少司机说它的好话，大部分都承认正在找别的法子多赚钱。比如，有位新加坡司机，他退休前是新加坡航空的营销主管，因为儿子不想他跟自己同住，没办法就出来开优步。他每周工作 60 小时，赚 500 新加坡元（约 350 美元）——一小时还不到 6 美元，“比清洁工还少。”他愤愤地跟我说。

当然，我说的这些都是逸事，坐在新型出租车的后座上用老办法做的调查。但是这些结论也有数据的支持。纽约一家优步司机组织估计，有五分之一的成员挣的钱一年不到 3 万美元，还是扣除油钱、保养和保险之前。2017 年，网络技术网站信息（The Information）开展了一项调查，发现优步司机当中，只有 4% 在首次接单一年后还留在该平台上。[33]

正如我前面所说，问题在于法律。说得再准确一点，问题在于现存法律未适用于新的兼职经济。这就是我为什么要去波士顿拜访利希滕和里斯 - 里奥丹律所办公室。到博伊尔斯顿大街上，我谢过司机，在手机上给他打了一个五星好评。我很想多给个红包，但是优步的软件不让我发——大概是因为红包会直接进司机的账户，不会进优步的。

当然，在托马斯 · 莫尔的《乌托邦》里是没有兼职经济公司的，也没有律师。莫尔在十六世纪的伦敦从事法律行业，却诙谐地故意贬低自己，不让乌托邦岛上有律师。“在乌托邦，每个人都熟谙法律，”他说，在这个虚构的社会，法律极端民主化，“因为法律甚少……他们认为对于任何法律，最明显的解释就是最公平的解释。”[34] 但是在现实世界里，特别是在美国，不缺律师，更不缺需要他们解释的复杂法律。不过，鉴于美国的政治体系在渐渐失灵，这也许不是件坏事。过去，像拉尔夫·内德这样的律师努力奋斗，在改革美国资本主义过程中发挥了重要作用。音乐律师克里斯·卡斯尔用戴维·洛厄里对Spotify和Phapsody提起集体诉讼的例子告诉我，当今法律也许是让娱乐企业负责最有效的办法。你应该还记得，硅谷律师加里·里巴克二十世纪九十年代对微软提起反垄断诉讼，此案最终丰富了创新，让谷歌和脸谱网等企业掀起了Web 2.0革命。

我来波士顿要见的这位律师被一位原告叫作“大锤香侬”，《琼斯夫人》（*Mother Jones*）杂志称她是“优步最可怕的噩梦”。[35]香侬·里斯－里奥丹毕业于哈佛大学法学院，过去五年一直作为领头人物，起诉兼职经济给劳动者的待遇太差。《政客》评选的2016年美国最有影响力的五十人中就有她的名字，《旧金山》（*San Francisco*）杂志形容她是“硅谷被骂得最凶的女人”，“成了名人，自从拉尔夫·内德起诉通用汽车，法律界还未有过此种景象”。[36]

劳工律师里斯－里奥丹本人个头矮小，一点儿也不像大锤。她让我走进她的办公室，房间里到处点缀着马萨诸塞州参议员伊丽莎白·沃伦（Elizabeth Warren）的政治活动纪念品——沃伦也批评兼职经济，两人是政治上的联盟。[37]里斯－里奥丹承认，数字革命的确让人们工作更有效率。“我热爱技术带给我们的好处，”她告诉我，语气很像玛格丽特·维斯塔格，“但是技术不应该滥用。”

要了解她的工作，也可以把香侬·里斯－里奥丹跟拉尔夫·内德相提并论。你应该还记得，1965年内德出版了畅销书《任何速度都不安全：美国汽车的内在危险》，揭露了雪佛兰科威尔的致命缺陷，最终让美国汽车业失去了全球霸主地位。五十年后，里斯－里奥丹又发现了美国汽车行业最近的创新——在线共享汽车行业的内在危险。不同的是，内德指出的是美国汽车机械学上的缺陷，而里斯－里奥丹对战的是美国兼职经济雇佣机制的缺陷。

2013年，里斯－里奥丹代表加州优步司机提起集体诉讼。诉讼称，优步误将司机归类为独立承包人，而事实上他们是正式工，因此有享受员工福利的法定权利，如员工的薪酬待遇、失业保险、社保等。诉讼还称，优步定价的时候承诺价格会包含小费，却没有将小费给司机。2015年里斯－里奥丹与优步达成和解，代表加州325000名司机和马萨诸塞州60000名司机协商取得8400万美元的和解费，而优步继续按照独立承包人雇用司机。她也对其他公司提起了类似的集体诉讼，包括来福车、食品送货公司DoorDash和Grubhub、日用杂货软件Instacart，及购物软件Shyp。2015年7月，被《福布斯》称作硅谷"心头好"的家政兼职初创企业Homejoy关门，[38]首席执行官说，里斯－里奥丹的集体诉讼是决定关闭公司的"决定因素"。[39]

和戴维·洛厄里一样，里斯－里奥丹想要的是让这些新企业负责任。"我是个代理监管人。"她说自己的工作确实不过是执行法律而已，"旧的规则仍然适用。工作的本质没有变。人们仍然需要雇主依法保护。"

里斯－里奥丹最大的成绩是迫使兼职经济增强。比如说，她对Instacart和Shyp提起的诉讼让这两家公司改变了雇佣政策，将承包人转为全日制职工。她引用2015年美国"国家就业法律项目"（National Employment Law Project，简称NELP）报告，告诉我说，现在越来越多提供按需服务的公司尊重劳动者权利了，包括食品送货公司Sprig和Munchery，个人助理公司Hello Alfred，代客泊车服务公司Luxe，还有清洁服务公司MyClean。

不仅里斯－里奥丹在着手解决这个问题，很多创业者、监管者、消费者、教育者和劳动者也努力在营造创新的同时兼顾公平的按需经济。前面说过，到 2020 年，预计美国十个人里就有四个人会成为不稳定无产者——每个行业，从娱乐媒体到交通，从教育到法律，再到医疗，莫不如此。[40] 如果我们能解决好，就可以保证未来几代人能有体面的工作质量。

当然，要丑化优步前首席执行官特拉维斯 · 卡拉尼克这样的喜剧化人物很容易。这个亿万富翁信奉自由主义，曾经把安 · 兰德的图片贴在自己的推特资料里面。但幸运的是，一些企业家表现出了成年人的责任感，例如红鳍（Redfin）的首席执行官格伦 · 凯尔曼（Glenn Kelman）。这家位于西雅图的互联网企业提供基于网络的房地产数据库，雇用超过一千名中介，于 2017 年 7 月成功上市。2006 年，凯尔曼以 2 亿美元卖掉自己的一个互联网初创公司，并创办红鳍。当时他坚持新公司按全职员工待遇雇用房地产中介，提供医保和 401（k）养老保险，而不是按独立承包人雇用。格伦 · 凯尔曼这样做的根本原因，除了是要把红鳍的利润分享给每个为公司工作的人，还是为了提供更好的客户服务。凯尔曼率先实行了这种初创新模式，甚至被《纽约时报》称为“非正式顾问”，因为有些初创创业者也想停用独立承包人的雇佣模式，因为这样做更道德。[41]NELP 关于按需经济的一篇报道的小标题为：“为什么以对待员工的方式对待劳动者对企业有利”。

有的经济学家认为我们应该放弃二元的选择，不再只是全职雇佣模式或是独立承包人模式。艾伦 · 克鲁格（Alan Krueger）是奥巴马总统的前白宫经济顾问委员会主席，现在在普林斯顿大学教授经济学。他认为我们今天面对的情况很像十九世纪末期，当时产业工人的薪酬制度逐渐形成。但是，克鲁格在2015年的一份白皮书中主张，[42]今天我们需要一种新类型的劳动者，既不是完全的自由职业者也不是完全的全日制雇员。他把这种新混合模式称为“独立劳动者”，主张优步或来福车的兼职劳动者应该有资格享受旧薪酬制度提供的部分员工福利——“除了那些没有意义的”。[43]

虽然克鲁格的提议听上去十分合理，但当前的政治环境越来越不友好，令政府监管机构、法院和优步、爱彼迎等技术公司处于对立状态，克鲁格的提议不太可能实行。和反垄断一样，我们最终需要监管机构的保护，防止按需经济产生最坏的后果。世界各国政府都在规范点到点经济，同时保护劳动者和消费者利益。比如2015年，西雅图市政府全票通过一份允许打车软件司机组建工会的提案。[44]2016年，伦敦一劳动仲裁庭判定，打车软件司机有权享受劳动权利，包括国家最低工资和带薪休假。[45]2016年，优步支付2500万美元对一桩诉讼达成庭外和解，原告是洛杉矶和旧金山市，称优步误导消费者，导致消费者对司机资质审核有“虚假的安全感”。[46]在得克萨斯州奥斯汀市，选民投票否决了优步和来福车的自查提议。2016年奥斯汀市为此事举行公投，优步和来福车告诉市民“相信我们”，而选民的回答是“不”。[47]

世界各国的政界人士也在出台措施，对共享经济的其他行业进行负责任的监管。香侬·里斯－里奥丹的政治盟友，马萨诸塞州参议员伊丽莎白·沃伦拿爱彼迎开刀，称估值达310亿美元的这家共享住房公司推高了大城市的房租。2016年10月，沃伦成立了一个由十多个市组成的立法者联盟，敦促联邦贸易委员会（Federal Trade Commission，简称FTC）“帮助各市保护消费者”并研究短租市场对整体租赁市场的影响。[48]2016年11月，纽约和旧金山两市监管机构成功让爱彼迎对新房主制定“一个房主一套房”的规定，以抑制房价上涨。为保证居民负担得起住房费用，柏林跟巴塞罗那都取缔了爱彼迎，柏林禁止将公寓出租给游客，巴塞罗那则大力打击非法租赁。[49] 为了控制当地房屋价格，甚至冰岛也通过法律，限制房屋可在爱彼迎上出租的天数。[50]

不稳定无产者自己也在走上街头要求改变薪资体系。2016 年 8 月，优步外卖服务 UberEATS 的司机在伦敦数家餐馆外要求优步按照 9.4 英镑（12.1 美元）伦敦基本小时工资给他们支付报酬。[51]2016 年 11 月，美国发生全国性示威，优步司机要求每小时 15 美元的最低工资。[52]2016 年 5 月，35000 名纽约优步司机成立名为“独立司机协会”（Independent Drivers Guild）的组织，该协会隶属于更加传统的行业工会。[53] 这个协会最先开展的行动中有一项就是 2017 年 4 月的请愿，有 11000 位司机签名，要求优步在软件上增加小费选项。[54] 因此，我最近就能用手机把小费付给服务出色的优步司机了——就像那位把我送到波士顿市中心去香侬 · 里斯 – 里奥丹办公室的有礼貌的巴基斯坦年轻人。

消费者也在施展作为群体的力量，迫使优步更负责任。2017 年初，优步当时的首席执行官特拉维斯 · 卡拉尼克接到任命，加入唐纳德 · 特朗普的经济顾问委员会，于是推特上发起了 # 删除优步（#DeleteUber）的抗议，有超过 20 万优步用户（占 4000 万用户的 0.5%）关闭了账户。

“换来福车。打车、乘公交或火车。”《纽约时报》的法哈德 · 曼约奥建议，优步公司恶劣行径不断，干脆不用了。“去他的，雇辆豪华轿车，再雇个头戴金色高顶礼帽的司机。”[55]

甚至优步职工也加入了抗议，优步内部流传的《致特拉维斯》一文称，卡拉尼克支持特朗普一事让公司染上了反移民色彩。抗议很有效，2017 年 1 月，卡拉尼克迫于群众压力，从特朗普的顾问委员会辞职。[56]

虽然各种劳工活动非常令人鼓舞，但有个问题——一个可能致命的缺陷，堪比让科威尔汽车变成死亡陷阱的机械缺陷。我们都以为人力——司机、代泊车司机、家政工和日用杂货代买人——是二十一世纪点对点经济的核心，但这个想法很有可能是错的。想象一下，若是有史以来最颠覆的技术导致人力本身变得多余会怎么样。

这可不是什么好莱坞反乌托邦电影里的科幻噩梦。2015 年 1 月，优步“挖空”了卡内基 · 梅隆大学的机器人学实验室，把研究自动驾驶汽车的五十人“挖走”。[57] 我写到这里是优步挖人两年多以后，优步已经开始在宾夕法尼亚和亚利桑那测试自动驾驶汽车。谷歌、苹果和其他很多传统车企都在做类似测试。到您读到本书之日，我们离自动驾驶汽车上路就更近了。

投入这么多资金到无人驾驶技术上，逻辑显而易见，令人不寒而栗——特别是从优步的角度来说。“优步的未来很大程度取决于能不能解决自动驾驶，”技术网站 Recode 说，“驾驶无须司机也将增加该公司利润：自动驾驶汽车车费 100% 都归优步；优步再也不用给司机补贴；车子几乎一天 24 小时都在路上跑。”[58]

而且，你应该还记得，哥伦比亚大学经济学家杰弗里 · 萨克斯警告我们说，技术导致失业这个问题十分紧迫，不仅将发生在交通领域里，而且也会席卷经济生活中的每个领域。等到优步这样的超级私营企业用智能机器取代 150 万司机，将 100% 的利润收入囊中时，我们该怎么办呢？当算法不仅大量取代人力劳动，还取代律师、医生和工程师等技术人员，我们该怎么治愈未来？

这个问题就在可以望见的未来，将成为最严重、长期持续的问题，正在迅速成为二十一世纪的大讨论。但这并非一个全新的问题，也许也不需要新的解决方法。事实上，五百年前，托马斯·莫尔就已经给出了答案。十六世纪，农业经济经历巨变，导致羊变得“贪婪”和“凶残”，莫尔的说法令人难忘，称这一现象为羊“吃人”。[59] 所以，要谈及这个问题，就让我们回到乌托邦国王建立的这个田园式小岛——这个熟悉的、不知在何处的乌有之地。

第十章　教　育

人生的快乐

在托马斯·莫尔的《乌托邦》里，没有“闲人”，没有“仗势凌人的下流东西”，没有“僧侣及所谓的宗教信徒”，没有“身强力壮的乞丐”。[1]每个人，甚至女性，都要参加劳动；但是每个人每天劳动都不超过六小时——上午三小时，下午三小时。而剩下的时间，莫尔说，则“由每人自己掌握使用”。因为规定不可以“嬉闹”或“怠惰”，所以人们基本上要么将闲暇用于“学术探讨”，比如去听有关学问的公共演讲，要么把时间花在自己的“手艺”上。到晚上，共同晚餐后，人们“有一小时文娱”，比如园艺或锻炼。最后，在睡觉之前，乌托邦人要么演奏音乐，要么玩游戏，要么聊天。[2]

莫尔要表达的是，在一个理想社会，劳动很重要——但是闲暇更重要。“在公共需要不受损坏的范围内，所有公民应该除了从事体力劳动，还要尽可能以充裕的时间用于精神上的自由及开拓，”他解释说，“因为他们认为这才是人生的快乐。”[3]因此，在乌托邦，目标是把人们从每日做手艺的苦差事中解放出来，可以有更多时间用来提高自己。这类似卡尔·马克思年轻时在《德意志意识形态》（*The German Ideology*）中描绘的后革命社会，这样一个社会里，技术解放了我们，我们可以早上打猎，下午捕鱼，傍晚养牛，晚饭后批评。这样的目标是培养会种植、锻炼、演奏音乐和与周围人对话的公民。这些才是莫尔设想的岛上真正的工作。最终的目标是给人们付工资，让他们什么都不用做，只需要让自己变成更好的公民。因此，乌托邦是一所永不关闭的学校，不断让居民提高。而《乌托邦》的作者莫尔，也是一位老师。他通过此书来提高读者意识——鼓励我们去想象一个地方，在那里可以学习怎么变成更好的人。

《乌托邦》出版后五百年，莫尔的文艺复兴人本主义，以及实现“生活的快乐”这一目标，重新时兴起来。当然，这样的思想从未远去消逝过。十九世纪，年轻的马克思让它焕发生机。而今天，这一思想的表现形式不是乌托邦，也不是共产主义，而是“全民基本收入”。这个理念是，在这个时代，技术导致的失业和不平等越来越严重，政府会给所有公民——不论贫富、老少、男女——一份基本生活工资，不论他们有无工作。一篇关于全民基本收入的新闻大字标题称之为“坐享其成”；[4] 另一标题“叹息盼天堂”中描绘了未来的丰盛图景，“技术带来富足，有偿劳动不再是必须，没有谁再须节衣缩食”。[5]

天堂也好，不是天堂也好，如今硅谷内外每个人似乎都在谈论全民基本收入，讨论这样能否解决迫近的失业危机。到智能机器当道时，我们全都会变成尤瓦尔·诺亚·赫拉利所说的“无用阶级”。[6] 主张这样做的人有很多，像 Y Combinator 的首席执行官萨姆·奥尔特曼这位自由主义者就是其一，他正在奥克兰出资做一项基本收入试验。这个理念的支持者还有更传统的进步主义者，如美国劳动组织的领导人安迪·斯特恩（Andy Stern），他是服务业雇员国际工会（Service Employees International Union）前主席，曾写过一本支持美国实行最低工资的书。[7] 世界各地的地方政府和全国政府——从加拿大到芬兰，从巴西到荷兰，再到瑞士——都在举行公投，或者举行试点项目，对工业时代建立起来的社会保障体系进行改造。这个世界被夹在工业时代和信息时代的两套操作系统之间，《金融时报》创新专栏编辑约翰·索恩希尔总结道，这是个“具有现代吸引力的旧理念”，该理念在过去五百年里影响了观念各异的思想家，包括莫尔、托马斯·潘恩（Thomas Paine）、约翰·斯图亚特·密尔（John Stuart Mill）、弗里德里希·哈耶克，还有米尔顿·弗里德曼（Milton Friedman）。[8]

瑞士政治活动家丹尼尔·施特劳布（Daniel Straub）是世界上传播全民基本收入这个理念最成功的人。在乌托邦，创造性教育具有中心地位，因此施特劳布之前曾当过老师这件事也不令人意外。施特劳布曾在苏黎世一所学校任教，这里实行的是二十世纪初意大利教育改革家玛利亚·蒙台梭利（Maria Montessori）的教学理念。蒙台梭利对工业时代意大利学校的严格管教和死记硬背持批评态度，她开创了新的教育体系，最重视学生通过创造性工作展现出来的主动性。1907年，蒙台梭利在罗马建立了她的第一所学校。正如莫尔相信应该在实践中学习一样，蒙台梭利也相信，同时训练孩子们的心智和感官，可以让他们发展得更好。她的学校是革命性的，取消了年级之分，不用课桌，也不在传统教室里上课，实行手工劳动创造的项目——种植、在教学厨房里学习家务、做体操，还有创造性游戏。这些活动都自发地让学生学会终身自律。起初，传统教育者嗤之以鼻，将这种模式称为“乌托邦一样”，但是今天，世界上一百一十个国家的两万所学校都实行蒙台梭利模式，美国就有五千所。蒙台梭利模式培养的著名学生其中两位就是谷歌创始人谢尔盖·布林和拉里·佩奇。

“真的是糟糕。我们的学校模式是从工业革命时期留下来的，都两百年了。”施特劳布是个年幼孩子的父亲，他向我抱怨说，瑞士的传统学校鼓励孩子们追求令人窒息的整齐划一。相比之下，他在蒙台梭利学校任教的经验让他对人的本性笃信不疑。他告诉我，在蒙台梭利学校，孩子们并不消极，而是“有做事的内在动力”。

我和施特劳布见面的地方是他位于二楼的办公室，地方狭窄，位于奥古斯丁巷一家基督教工艺品商品楼上。奥古斯丁巷是苏黎世一条弯曲的鹅卵石小巷，在中世纪古城区中心地带。他告诉我，这栋老建筑建于 1365 年，最初是镇上鼓号手的家。但是他说，宗教改革时期是禁止音乐的，所以奥古斯丁巷鼓号手的家也和苏黎世其他建筑一样，几乎整个十六世纪都沉寂无声。

宗教改革期间的大讨论主题是自由意志，而非全民基本收入。在整个十六世纪的欧洲北部——从英格兰到比利时，从德意志到日内瓦、巴塞尔和苏黎世等瑞士城市——讨论的主题是人的自由意志的作用。这场讨论令文艺复兴人物，如伊拉斯谟、莫尔和霍尔拜因，和平民主义的传道士，如马丁·路德和乌利希·慈运理（Huldrych Zwingli）（瑞士传道士，发起了瑞士的宗教改革）对立起来。前面提到，讨论的一方是人本主义者，相信我们有书写自己历史的自由；另一方是宗教狂热者，相信宿命论，认为人对存在无能为力。五百年后的今天，这场大讨论的两方变成了技术决定论者和相信未来首先由人的自主权决定的人，如爱德华·斯诺登。

人本主义观念认为，我们有塑造未来的自由；丹尼尔·施特劳布自身的作为就证明了这点。2007 年，用他的话来说，他发现他的“使命”就是通过追求全民基本收入提高“人的意识”——使命这个词非常有欧洲中部的感觉。“大部分人认为高失业率是问题。”施特劳布告诉我。但是对他来讲，智能机器其实是解放人的。“机器可以解放我们去做想做的事。”他说，这与莫尔在《乌托邦》里提出的观点一致，那就是闲暇比工作更重要。他认为，机器可以帮我们让音乐再次在生活里响起。

施特劳布主张，技术正在给工作和就业的性质带来巨大改变。“我父亲一辈子只做了一份工作。我先后做了六份工作。而我的孩子将同时做六份工作。”他说。这就是他为什么认为我们需要基本收入带来的保障，因为这会给我们带来“平台”或“基础”，借此发挥创造性以适应这个动荡的新工作环境。

于是丹尼尔·施特劳布踏上了治愈未来的道路。他的目标是将瑞士变成一所巨型的蒙台梭利学校，每个人都能自由地将工作变成严谨的玩耍。施特劳布想要为瑞士实现“生活中的快乐”创造条件，正如乌托邦一样。2012 年，他和一小群活动家开始收集签名，想要发起全民公投决定是否开展基本收入的试验项目。按照瑞士宪法，发起公投要 10 万个签名，他们到 2013 年就收集满了。最终他们让 12 万人签名请愿——这是整个瑞士成年人口的 2%。2016 年 6 月，瑞士进行公投，内容是向所有成年人口每月发放 2500 瑞郎（合 2514 美元）的收入，向每个小孩发放 625 瑞郎（合 629 美元）。这是世界上第一次进行此类公投。

你会想，莫尔说乌托邦经济中，人们工作时间很短，而且也不存在私有财产和货币，“生活必需品会有不足”。但是实际上，莫尔打消了我们的疑虑，告诉我们乌托邦“生活上的必需品或便利绰有余裕”，因为岛上每个人都在为公共利益做贡献。[9] 施特劳布的动议从经济上讲也是相似的道理。为了这一改革，他主张将瑞士 GDP 的三分之一进行再分配——其他三分之二“碰不得”。这样的话，就能像乌托邦一样，每个瑞士人都为公共利益做些贡献。

虽然 2016 年瑞士人有 77% 都在公投中投了反对票，施特劳布的动议没能通过，但他仍将此次投票视为巨大的胜利。他提醒我，首先，在有的瑞士片区，大多数投票人都支持该动议。其次，也是最重要的，他成功地提高了人们对二十一世纪如何改造社会保障体系的意识。和莫尔一样，施特劳布把乌托邦画在了地图上。他告诉我，公投前，瑞士没有人听说过全民基本收入；而现在，他咧嘴笑着说：“每个人都听过了。”

总之，施特劳布预言道，我们将不得不对工业时代遗留下来的、逐渐被淘汰的社会福利制度进行大刀阔斧地改革，这只是个时间问题。他解释说，问题在于经济增长跟不上生产力发展的步伐。“我毫不怀疑，”他说，“到某个时间点我们都会有基本最低收入。”

许多其他思想家也认同施特劳布的理念，认为现行的工业社会保障制度不可避免地将经历巨大改变。我从苏黎世飞到阿姆斯特丹去拜访了欧洲另一位基本最低收入的著名倡导者鲁特格·布雷格曼(Rutger Bregman)。他来自荷兰城市乌特勒支，2017 年，这座城市率先开展了一个项目，为居民每月无条件发放一笔收入。布雷格曼还是一本畅销书的作者，书名很贴切，叫作《现实主义者的乌托邦：如何构建一个理想世界》(*Utopia for Realists: How We Can Build the Ideal World*)，[10] 这本书措辞激烈，主张全民基本收入，已经被译成二十种语言。四月的一个下午，天气异乎寻常的暖和，我们坐在阿姆斯特丹中央车站外一家咖啡馆里。年轻的布雷格曼讲了为什么应该实行全民基本收入。布雷格曼重申了书中的核心思想，即我们需要

“控制未来”。布雷格曼和施特劳布一样，都为“烂工作”消失而欢欣鼓舞，因为这些工作让我们变笨，耗尽我们的人性。但最重要的是，布雷格曼主张，我们生活的时代充满重大的变动，如果要成功改造工业福利制度的话，就要有“伟大的思想”。他告诉我，特别是旧左派思想已经在智识上破产，这也许能解释为什么许多传统社会主义者，特别是工会里的，还没有接受全民基本收入这个想法。

全民基本收入的主张也有很多技术专家和企业家支持，他们认为这是明天的网络社会的核心特征，甚至是社会保障的中心支柱。罗宾·切斯（Robin Chase）是Zipcar和Buzzcar两家公司的前首席执行官，也是共享经济的著名倡导者。她告诉我，全民基本收入是让我们“把人民的才能利用起来”的新型投资。她承诺，这个做法实施以后，将“在快乐、创造力和生产力上都大幅提升”。斯托·鲍伊德（Stowe Boyd）是一位在波士顿的技术评论家和研究者，颇有影响力。他说的话就比较不祥了。他称自己为“后未来主义者”，向我警告说，如果我们不实行全民基本工资，将会“满大街都是失业的人”。更糟糕的是，他预言，如果我们现在不解决这个问题，到2025年左右，会爆发人民革命，他称之为“人类之春”。

马丁·福特（Martin Ford）是世界上研究技术导致失业现象的权威之一。他是一位硅谷作者，作品《机器人时代：技术、工作与经济的未来》（*Rise of the Robots: Technology and the Threat of a Jobless Future*）广受称誉，[11]2015年获得《金融时报》年度商业图书奖。我和他在硅谷桑尼威尔市一家希腊餐厅吃午餐，周围都是技术行业的员工。福特告诉我，他认为大规模失业的引爆点会在十五到二十年之间到来，危机会同时席卷低收入和高收入岗位，特别是服务业岗位，如司机、店员和办公室雇员。福特这样解释技术对就业的影响。"一样也不会落下，所有政客都说工作岗位要回来了，"他直截了当地说，"其实并不会。"所以，他跟其他人一样，相信"最简单、最现实的解决办法"是全民基本收入。他认为，要先开展试验性的试点项目"小步上车"，然后再通过征收税基较广的税，如碳排放税和增值税，逐渐把项目铺开。和罗宾·切斯一样，福特相信这样做可以激发人的创造力。他说，不是每个人都能创业。"但是只要给人们安全网，他们就敢冒更大的险。"

不管我走到哪里，听到的话都是一样的，但是说得最理想主义的莫过于阿尔伯特·温格尔（Albert Wenger）。他是布拉德·伯恩汉姆合广投资的合伙人，和伯恩汉姆及约翰·博斯维克一样，都是纽约最有预见性的技术初创企业投资人。温格尔出生在巴伐利亚，在美国接受教育。在 2016 年的书《资本之后的世界》（*World After Capital*）[12] 中，他把全民基本收入称为"经济自由"，将其归为三种必不可少的"自由"之一。但是温格尔说，每月给人们发钱这个做法本身解决不了问题，必须结合其他两种自由才行。第二种是"信息自由"，指的是"再次去中心化"的互联网，以微资助平台 Patreon 这样的点对点企业为特征，为创造买卖的双方提供平台。第三种自由是"心理自由"，他把这称作"自我调节"——掌控自己的能力。所以在阿尔伯特·温格尔设想的乌托邦里，"经济自由"买来时间让我们创造；"心理自由"给我们提供创造的自律；"信息自由"给创造买卖的双方提供操作系统。关键是三者要同时实现，都达到才是温格尔所说"资本之后的世界"，理想的操作系统，他说在这个世界里，"唯一的稀缺品"将是"我们的注意力"。

和丹尼尔·施特劳布一样，温格尔相信，解决较近的未来的问题，改造教育系统是关键。我到纽约市中心百老汇大街的合广投资办公室拜访时，他告诉我，自我掌控、平衡大脑感性和理性的能力“极其重要”，特别是在互联网上，因为网络带来虚幻的无限自由感。和施特劳布一样，他认为当前的教育制度基本“失灵”了，因为它无法教孩子们实现心理自由。所以他家的三个孩子（都在13到19岁）都是由他和妻子在家教育的。温格尔的妻子是连续技术创业者苏珊·丹齐格(Susan Danziger)。三个孩子在家读各种各样的书，主题有斯多葛学派哲学、神经可塑性、佛教等，为以后的成年人生做准备。

但是对于很多工薪家庭来说，在家上学并不实际，也很少有人能像阿尔伯特·温格尔和苏珊·丹齐格那样能提供给孩子足够的财力和知识。那我们该怎么去修复失灵的教育制度呢？我们究竟应该教给孩子们什么去应对将来的生活呢？毕竟，将来他们要么一直失业，依靠每月发放的全民基本收入过活，要么同时做六份工作。

人擅长做什么？

最后，我们说到了教育这个问题。

有人告诉我们，教育，特别是在学校之外的人做的教育，才是解决问题的答案。教育就是人们面对新经济应该接受的再培训。教育让孩子们学会温格尔的“心理自由”，并破除网络成瘾。用施特劳布的语言来说，教育就是我们学习如何做人。这些话都没有错，但是问题在于不论是什么情况，都要让教育去解决。要是我们不知道怎么解决一个棘手的问题，就把问题塞进课堂，让薪水微薄、工作负担又重的老师负责去搞定。问题越大、越模糊，越难以入手，我们就越要把它交给学校去解决。

比如，麻省理工学院两位经济学家埃里克·布莱恩约弗森（Erik Brynjolfsson）和安德鲁·迈克菲（Andrew McAfee）写了一本引人入胜的畅销书《第二次机器革命》（*The Second Machine Age*），从经济角度讲摩尔定律对社会的影响，他们在书中说，要解决美国将来面临的问题，就首先需要从教育方面制定相应政策。“把孩子们教好。”布莱恩约弗森和迈克菲总结说，这就需要给教师付更高的工资，并让他们对教学工作更负责，特别是要教“创造力和解决非结构化问题等不易量化的技巧”。他们建议，教师还应该利用新技术，例如大型网络公开课程（Massive Open Online Courses，简称 MOOC），“以低成本对最好的教师、内容和方法进行复制”。[13]

但是真实情况，至少在美国是孩子们并没有被教好。2017 年 5 月，皮尤研究中心发布报告《工作的未来及职业培训》，在调查过程中，问了 1408 位美国高管、大学教授、人工智能专家一系列问题，都是关于在自动化世界中教育面临的挑战。皮尤报告称，30% 的被调查对象表示“不相信”学校、大学和职业培训能在未来十年迅速转变，并满足社会对劳动者的需求。[14]“老板们相信，你的技能很快就会没用了。”《华盛顿邮报》直接这样总结报告的内容。[15]

“人们正在费力回答这个基本的形而上的问题：人擅长做什么？”对于这份报告，该研究的合著者兼皮尤研究中心主任李·雷尼（Lee Rainie）如是说。“找出这个问题的答案很重要，因为机器和人共存的世界已经到来，而且会加速发展。”[16]

那人究竟擅长做什么？特别是如皮尤中心李·雷尼所说，跟正在“吃掉人的工作”的智能机器相比。[17]

我向尼古拉斯·卡尔（Nicholas Carr）提出这个问题。他是一位作者，研究数字革命的人力成本，在美国非常受尊敬，作品《浅薄》（*The Shallows*）曾获普利策奖提名，他其他几本关于技术的书也很有影响力。卡尔目前住在科罗拉多州博尔德市。某天晚餐时间，我们在该市一家时髦的塔吉克斯坦茶室吃中亚菜，在这里他向我谈起形而上学。

虽然他承认自己很讨厌被人贴上“人本主义者”的标签，但是他非常生动地对比了人跟智能机器的不同之处。“对计算机来说不存在灰色地带。它们无法存在矛盾之处，也无法给它们编程去应对模糊含混的情况。它们也不存在直觉。”他解释道。

你应该还记得，史蒂夫·沃尔夫勒姆说计算机永远不可能有“目标”。和他一样，卡尔也相信智能机器产生自我意识这回事是“难以令人相信”的。“和机器人相比，人类意识的最伟大之处，”他喝了一大口啤酒接着说，“就是我们可以同时做不一样的几件事。”

但是我们怎么教好孩子们呢？我问他。该教给他们什么技能，他们才能在雷尼所说的“机器和人共存的世界”中不仅有工作可做，而且能有自己的重要性？

卡尔谈到，丰田最近宣布将在日本的部分工厂让老工匠做原本机器人做的工作。丰田意识到，这些师傅有多年的丰富经验，能理解工作中一直存在的模糊情境。同样，医生多年面对面给病人看病，经验积累就变成了直觉。他解释说，工匠和医生对工作的直觉都无法用算法重现。另一位美国著名作家马修·克劳福德（Matthew Crawford）将卡尔的关注点称作“塑造灵魂的手艺课”。[18] 卡尔和莫尔一样，一门手艺对人的独特价值在于动手实践。因此卡尔主张，教育不仅是为了知道，更是要实践。

因此，在卡尔看来，在机器越来越智能的时代，这就是人类所擅长的。所以，教育者面临的挑战（和机会）就是教授不能被机器人或算法复制的一切。对于已经看到电脑根本局限的卡尔来说，教育就是培养直觉、分析模糊问题的能力和自我察觉。对于前蒙台梭利教育者丹尼尔·施特劳布来说，教育就是教授觉悟和“使命”的理念。对于合广投资合伙人、在家教育三个孩子的阿尔伯特·温格尔来说，教育就是要教授“心理自由”，实现自我掌控。

这就是莫尔五百年前在《乌托邦》里描绘的人本主义教育理想。这样的教育教的是不可量化的技能：如何和同伴交谈，如何做到自律，如何享受闲暇，如何独立思考，如何做个好公民。但是这种创新的教育在当今世界上真的存在吗？还是说，像莫尔想象中的乌托邦岛一样，只是空中楼阁，没有任何现实基础呢？

逃离“筒仓”

我跟马丁·福特在桑尼威尔的希腊餐馆吃完午饭，沿着美国101号公路驱车往北几英里到帕洛阿尔托高中（Palo Alto High School）这所公立学校和斯坦福大学只隔一条公路，位于硅谷这个世界冒险之都的中心。这所高中，包括乔布斯在内的技术界大佬都把自己的孩子送来此处读书。

虽然2017年的皮尤报告说美国教学质量堪忧，但幸运的是，有些具有创新精神的老师正在成功地教育学生，帮他们准备好面对由智能机器主导的未来。我来帕洛阿尔托高中跟加州最受赞誉的老师之一聊她的教学方法。艾斯特·沃吉茨基（Esther Wojcicki）也被大家叫作沃吉（Woj），从1984年起就在帕洛阿尔托高中教新闻学。她创建了该校的媒体艺术中心（Media Arts Center），中心面积24000平方英尺，拥有六百名学生和九份出版物，是美国最大的数字媒体项目。2002年，她被评为加州年度教师，还获得过无数地方和全国教学奖。她也是《教育领域的登月计划》（*Moonshots in Education*）[19]一书的合著者，这本书2014年出版，由演员詹姆斯·弗兰科（James Franco）作序，提倡学校要求学生拿出20%的时间做独立项目。她最出名的学生包括弗兰科和史蒂夫·乔布斯的大女儿丽莎·乔布斯。

沃吉茨基不仅教技术贵族的孩子们，也是硅谷最显赫的技术家族之一的女族长。她有三个成年女儿：苏珊、安妮和珍妮特。1998年，拉里·佩奇和谢尔盖·布林还是斯坦福的研究生，创办谷歌时，苏珊把自家车库租给了他们。如今，苏珊·沃吉茨基是YouTube的首席执行官，也是世界上最有影响力的娱乐大亨之一。她妹妹珍妮特是加州大学旧金山分校流行病学教授。最小的妹妹安妮是基因图谱初创公司23andMe的联合创始人兼首席执行官，她曾与谷歌创始人谢尔盖·布林结婚。所以，布林是艾斯特·沃吉茨基的前女婿，她告诉我现在他们关系还是很友好。

媒体艺术中心每周有一天给学生提供设备和资源，让他们做各自的项目，沃吉茨基的一个学生把这天叫作“探月日”。我和沃吉茨基见面这天刚好就是“探月日”。投资几百万美元的媒体中心里，最新一代的iMac一字排开，更像是高科技的新闻编辑室，而不是教室。我们的谈话时不时被来找沃吉茨基的学生打断。她对学生说话的语气带着不耐烦和考验，她既是传统的教师，又像是报纸编辑或者生活教练。我看着她跟学生互动，一边劝诱一边鼓励，不断地挖掘他们的才能。我想到，她作为高中老师声誉卓越，得到那么多奖项和赞扬，要归结于她以各种形象示人的能力，部分是朋友，部分是导师，部分是妈妈，又部分是学生的老板。《金融时报》美国版执行主编吉莉安·泰特（Gillian Tett）2015 年出版了一本颇有影响力的书《“筒仓”效应》（*The Silo Effect*），[20]她在书中主张，未来最成功的人将是那些摆脱机构或者职业类别限制的人。沃吉茨基自己就避开了传统的教学“筒仓”，像对待小成年人一样对待学生，帮他们准备好面对世界。丹尼尔·施特劳布预测，将来的人得同时做六份工作。

“现在的学校没有做到为二十一世纪教育孩子”，毫不意外，沃吉茨基对学校的失败态度持严厉批评态度。“我们还是按照二十世纪在教孩子。教学方法还是老样子。我们培养的不是思想者，是听指示的人。我们正在创造一个都是羊的国家。”她说的是大多数学校、甚至是帕洛阿尔托高中一些同事的教学方法。“我们不能再一直告诉孩子们该做什么。相反，我们想要受到怎样的对待，就应该怎么对待他们。”

她说，在人工智能时代，如果要让孩子们发挥潜能，让他们“感觉被赋能”特别重要。她告诉我，自己作为老师，目标是带出娴熟掌握技术、自信、愿意冒险、不怕失败的学生。我们在本书中已经说到多次，就是要信任。她说，信任这些孩子非常重要。我们必须信任他们，放手让他们犯错误。“任何孩子，普通的、不普通的，”她说，“都能从错误中学习。”

沃吉茨基说，她就是这样养大三个女儿的。“我形容女儿们，给她们充分的自由，”她告诉我，“我树立榜样，不规行矩步。她们不是看我说什么而是看我做什么，然后学我。”事实上，沃吉茨基夸耀说，谷歌一些最有影响的想法可以从她教育孩子的方法中找到端倪。比如，“拉里和谢尔盖的 20% 法则就是跟我女儿学的”，她提到谷歌的公司政策，要求员工把20%的时间用来做“探月”项目，比如无人驾驶汽车、送货无人机、智能住宅，还有机器人。[21]

但是对她来说，谢尔盖·布林和拉里·佩奇也是爱冒险、不怕失败的榜样，能够“跳出框框外思考”。“谢尔盖和拉里学的都是蒙台梭利教育，所以别人跟他们说做不了的事，他们总要去做成。”沃吉茨基告诉我，她也很赞赏玛利亚·蒙台梭利的教学方法。所以在她看来，有创新精神的创业者和教育成功的学生实际上有很多共同特征：独立、喜欢冒险、愿意反思传统的成见、做登月那样看似不可能的事，还有治愈未来。

重返乌托邦

若是要说哪个国家是教育公民的成功典范，那非马六甲南端的热带小岛新加坡莫属了。这个国家有志成为世界上第一个智能国度。新加坡给孩子们的教育很成功，跟美国形成鲜明对比。新加坡是世界上唯一在岛上的城市国家，是世界上联网率最高的国家，也许也是教育最好的国家。每三年，经济合作与发展组织（Organization for Economic Co-operation and Development，简称OECD）对全世界七十多个国家的五十多万名学生进行国际学生评估项目（Programme for International Student Assessment，简称PISA）测试，该测试很有影响力，最近一次测试结果中，新加坡在三个测试科目——数学、阅读和科学中都居世界第一。[22] 而美国不管哪门科目都落在二十名开外——数学排名三十五，阅读二十五，科学二十四。[23]

“我们只有教育”和“人是我们唯一的资源”，新加坡岛上自然资源极其匮乏，但在这里经常可以听到这两句话。新加坡五百多万人口中有90%都会在高中毕业后接受某种形式的高等教育——25%的新加坡人读大学，40%读工艺专科学校，25%进入三所工艺教育学院（Institutes of Technical Education，简称ITE）其中一所就读。从各方面讲，这三所学院是新加坡最显著的成就。三所ITE学院效仿德国备受赞誉的学徒制，开设为期两年的数字媒体课程，向学业不够优异的学生教授就业技能。三所学院有五万多名学生在读，几乎所有人都享受政府补贴，每年每人补贴500到900美元。ITE毕业生中90%都在六个月内就找到工作，很多在越南和柬埔寨做社区服务。

我到了三所ITE学院之一，在宽敞的校园转了一下午，见了热情的学生，然后去跟布鲁斯·傅（Bruce Poh）聊。他是一位前惠普工程师，现在是整个ITE系统的首席执行官。“政府必须带头！”傅大声说道，他告诉我，新加坡政府每年向三所ITE学院投资4.7亿美元，正在打造一支懂得数字技术的劳动大军。“没技能就没工作——不受教育，人们就要流落街头，”他告诉我，并补充道，政府对合作机器人投资，在自动化日益普及的时代，最终会协助劳动者工作，而不会取代他们。

有个美国人对新加坡的教育系统非常熟悉，名叫汤姆·马格南蒂（Tom Magnanti），他是麻省理工学院工程学院的前院长，来新加坡生活已经二十多年。他最初到新加坡来管理麻省理工学院和新加坡国立大学的合作项目，现任新加坡科技设计大学（Singapore University of Technology and Design，简称SUTD）校长。这所雄心勃勃的大学2012年正式成立，投入3.25亿美元，有1300名学生，被称作“新加坡的麻省理工”。在新加坡的教育系统中，这所学校和ITE的定位恰好处于相反的两端。马格南蒂这所重要的新大学不教授基础的专业技能，而是要培养杰出的二十一世纪领袖。

“我把自己看作学术界创业者。”马格南蒂告诉我。我们在SUTD的高科技校园见面，校园光鲜闪亮，附近是同样光鲜闪亮的樟宜机场。但是，马格南蒂身为学界创业者要创造的价值不是金钱，而是人力资本。作为SUTD的创校校长，他的业务内容是投入资源培养懂技术、负责任的二十一世纪领袖。和帕洛阿尔托的艾斯特·沃吉茨基一样，他的目标是让学生发挥天赋。和沃吉茨基的媒体艺术中心一样，马格南蒂的新大学也是探月项目，旨在改变网络时代里我们对教育的看法。

他说自己在SUTD的目标之一是挑战传统技术大学的常规，一是校历覆盖全年，二是在课程设置上创新。为避免像典型的技术大学里一样各院系各谋其是，SUTD没有按照传统的做法按专业授予学位，比如电气工程、机械工程。该校围绕“这个世界需要什么产品、服务和系统”这个问题，实行跨学科的课程设置。马格南蒂说，这样的课程设置有“魔法的感觉”，不仅从技术专业角度来看如此，从人文学科的角度来看也是一样。

马格南蒂告诉我，这个世界毫无疑问需要的是领袖。这确实是这所新大学的真正目标。他引用本杰明·富兰克林的话——最优秀的领袖需要懂技术，还加了一句，说他们其他的一切都要懂。这就是他在SUTD的目标——当今世界上我们问得越来越多的问题是人擅长做什么，需要“培养公民”去成为“未来的领袖”。事实上，SUTD的使命宣言是“培养通晓技术的创新者，服务社会需求”，招收学生的依据除了正式学业成绩，还包括各方面表现、推荐信和自述短文。

和麻省理工学院的布莱恩·约弗森和迈克菲不同，马格南蒂对MOOC和在线教育不算热情。他告诉我说，“体育会一直占有一席之地”。他是波士顿本地人，身材依然苗条。他承认说自己一直想给波士顿红袜队做右外野手。“我爱这些孩子们，看见他们走进这里读书，三四年后又走出去，就特别激动。这就是教育的乐趣所在。”

马格南蒂一心扑在SUTD的工作上，我看了很受震撼。他有个四十五岁的儿子有严重残疾，住在波士顿，所以他需要经常在马萨诸塞州和新加坡之间来回。往返旅程两万英里，他已经飞了一百多次。领袖培养的也是领袖。汤姆·马格南蒂不仅是“人之队”飞行最频繁的队员，也是“人之队”最有价值的队员之一。

莫尔定律的教训

在硅谷，“教育怎么办”的答案乍看很简单，至少看上去很简单：更多的技术。关于什么是改革美国教育系统的最佳方法，“编程，”苹果首席执行官蒂姆·库克告诉唐纳德·特朗普总统，“应该成为每所公立学校的要求。”

库克的远见正由Code.org实现，2012年，几位成功的创业者建立这家非营利机构，从微软、脸谱网、谷歌和Salesforce获得6000万美元资金。Code.org的目标是把计算机科学变成和阅读、写作和数学一样必不可少的科目。目前Code.org正在美国二十四个州运行，免费开展网络课堂，全世界已有一亿名学生参加，还向57000名教师开展培训工作坊。[24]

但是大技术公司不光是想让每个课堂都有编程课。“短短几年内，”《纽约时报》的娜塔莎·辛格尔（Natasha Singer）报道，“技术巨头已经开始大范围改变学校教育，这个过程中使用的一些技术，也正是让这些公司占据美国经济核心的技术。”比如，网飞公司（Netflix）

联合创始人、首席执行官里德·黑斯汀斯（Reid Hastings）正在美国几个州推广名为Dreambox的数学教学程序，包括得克萨斯、马里兰和弗吉尼亚。Salesforce的首席执行官马克·贝尼奥夫（Marc Benioff）正在为初中校长发放10万美元的“创新基金”，帮他们从官僚思维转为创业者思维。另外，马克·扎克伯格正在100多家美国学校测试脸谱网参与开发的以用户为中心的软件，让孩子们自己掌握学习进度，老师做指导。[25]

当然，很多时候教育系统已经太陈旧，需要大改动以适应今天的数字时代，这点毫无疑问。虽说如此，大技术公司大肆改造传统的教育系统，却有三个问题。首先，这些技术公司和个人在教育上的投入是为公益还是私立，这条线很模糊，让人不安，特别是2020年教育市场规模有望达到210亿美元。比如，里德·黑斯汀斯不遗余力地推广Dreambox软件，但同时也被《纽约时报》的作者娜塔莎·辛格尔称作网飞公司的“守护天使”，因为他2009年捐出了1100万美元给一所非营利的特许学校，以购买该算法平台。

第二，黑斯汀斯、贝尼奥夫和扎克伯格的慈善活动被娜塔莎·辛格尔称为“重大的教育实验，数百万学生成为他们想法事实上的测试版用户”。本质上讲，美国教育系统正在按照谷歌的样子改造。因此，贝尼奥夫给出的10万美元“创新基金”就是要把旧金山的学校变成旧金山的初创企业。而扎克伯格在100所学校测试以用户为中心的软件，就是要把课堂变成脸谱网的样子。“这里看着更像是谷歌或脸谱网，而非学校。”有个特许学校联合会正在使用扎克伯格的软件，联合会的首席执行官这样说道。[26]

但最大的问题在于，“教育怎么办”这个问题的答案到底是不是更多的技术？别家孩子可以跟着算法学习，或者坐在酷似脸谱网的课堂里学习，但是一关系到自家孩子，硅谷最成功的企业家里有很多对数字技术的热情就冷却了很多。纽约大学心理学教授亚当·奥尔特在 2017 年的畅销书《欲罢不能》中写道，“世界上最知名的技术掌门人”[27]——包括史蒂夫·乔布斯，推特联合创始人埃文·威廉姆斯（Evan Williams）和《连线》杂志前总编克里斯·安德森（Chris Anderson）——“同时也是世界上私下最惧怕技术的人。”事实上，乔布斯甚至不让他家孩子用 iPad 或者 iPhone。

在苏黎世的时候，我问丹尼尔·施特劳布，在瑞士教育危机中数字化技术扮演了什么角色。施特劳布不仅曾在蒙台梭利学校任教，也曾在 IBM 担任业务发展主管。技术是问题还是对策？孩子们要成长为负责的成人，是需要更多还是更少的技术？

“技术发展得很快，我们跌跌撞撞地在后面追赶。”施特劳布的话很像二十世纪初的另一位教育改革家、华德福① 学校之父（Waldorf schools）鲁道夫·斯坦纳（Rudolf Steiner）的言论。华德福教育体系现在越来越盛行，这种教育阻止学生使用电子屏幕。“成天坐在沙发上看电视或者上网，这不符合人的本性。”

斯坦纳是一位十九、二十世纪之交的奥地利哲学家和社会改革家，他开创了“人智学”的教育理念，这种形而上学的人本主义思想受到歌德和尼采影响，强调孩子发展中的独立精神、想象力和意志。1919 年，德国在“一战”中战败后不久，鲁道夫·斯坦纳在斯图加特的沃

①以沃尔多夫－阿斯托利亚香烟厂（Waldorf–Astoria Cigarette Factory）命名，后译为华德福学校。依米尔·默特和合伙人在德国成立了这家香烟厂。学校最初成立是为了给香烟厂员工的孩子提供教育，后推广开来。

尔多夫－阿斯托利亚香烟厂做了一次关于人智学的讲座。工厂是他的学生依米尔·默特（Emil Molt）开办的。讲座结束后，默特请来斯坦纳，依照人智学理念，为工厂所有雇员开办一所免费的公共学校。

虽然斯坦纳1925年就去世了，但华德福学校运动和蒙台梭利学校运动一样，成为传统教育之外越来越盛行的选择。现在，全世界六十个国家有一千多所独立的华德福学校。和蒙台梭利学校一样，华德福的教学方法注重培养小孩的创造力和道德发展。蒙台梭利将娱乐和工作联系在一起，而华德福的传统与此不同，更注重孩子的创造、情感和美学发展。华德福幼儿园不教儿童读写，到小学才开始学。和莫尔的乌托邦一样，儿童活动主要是互动性的游戏、音乐、创作，还有跑跑跳跳。到小学阶段，华德福学校强调“社会教育”，意在表达社区价值观比个人间竞争重要。

在美国，华德福教育最为人所知的是其对待技术有争议的态度，特别是对屏幕媒体。华德福学校积极阻止，甚至是禁止学生看电视和上网，特别是对低年级孩子。在旧金山湾区，华德福学校越来越流行，很受人们重视。特别是硅谷，很多技术公司，如谷歌、苹果、雅虎还有惠普的高管都把自己的孩子送去华德福学校。[28]

在这个时代，网络成瘾、网上青少年霸凌、社交媒体自恋症越来越严重，华德福学校之所以日益受到追捧，原因之一就是强调儿童自控力和社会责任感的培养。华德福教学法的中心是“意志力”的发展——儿童个体决心、自控和担当的培养。要是说华德福学校教的是莫尔定律也许有点夸张，但是托马斯·莫尔在《乌托邦》里宣扬的人本主义，也就是人对社区负有责任，这个思想放到华德福学校里当然不会不相称。

我和尼古拉斯·卡尔在科罗拉多吃饭的时候我问他，你觉得华德福这样的另类教育流派能不能帮孩子们更负责地管好自己在网上的行为。他回答说，虽然数字媒体不是技术版的脂肪或糖，但是孩子们发现控制上网越来越困难，这和纽约大学心理学家亚当·阿尔特在《欲罢不能》里的看法一样。卡尔承认，要解决网络依赖和注意力涣散越来越严重的问题，最终还是要靠用户自己，而不是靠政府。所以他说，如果父母担心孩子使用数字媒体的时候不够负责或难以自控，可以考察一下华德福模式。而艾斯特·沃吉茨基的态度就比卡尔矛盾很多。她虽然认同华德福教育的部分原则，但强烈反对禁止在课堂上使用技术的做法。她身为帕洛阿尔托高中媒体艺术中心的主管，有此立场也很正常。

身为父亲和评论家，我对华德福教育的态度也同样复杂，但我的两个孩子都在湾区的华德福学校上过学。我儿子跟他爸一样脾气不好，觉得对学校里重视做手工、唱歌、“音语舞”（华德福形而上版本的自重健身）难以忍受，一有机会就退学了。我身为华德福家长也是失败得很。儿子六年级时，有一回开家长会，老师问我们家里“使用媒体的家规”怎么样。屋里的家长要轮流讲，一个个都夸耀说在家里孩子不能接触任何媒体。一对来自南加州的夫妇很认真地老实承认说，有时候让孩子用收音机听点古典音乐。轮到我说的时候，我告诉他们，我鼓励孩子在家看电影，家里那么多屏幕，想用哪块看都行。其他的家长再也不理我了。

但我女儿很有学习天赋，又很有积极性，在华德福学校就如鱼得水，现在在罗内特公园镇克里多高中（Credo High School）就读。罗内特公园是个不起眼的小镇，在旧金山以北，差不多五十英里。克里多现在是美国第二大公立华德福高中，由奇普·罗默（Chip Romer）创建。他一度踌躇满志地想当作家，和别人共有一家喜剧俱乐部，一开始加入华德福运动是因为孩子的关系。我们在学校新校区见面，这里位于罗内特公园镇边缘一个巨大的工业园区内。和帕洛阿尔托高中相比，克里多高中没有什么高科技新媒体建筑。和汤姆·马格南蒂在新加坡新成立的光鲜大学也不同，克里多没有政府几千万的投资。

罗默告诉我，克里多高中对学习要求“很严”，但也“很有意义”，申请加州大学的竞争很激烈，94% 的克里多毕业生成绩都能达到申请门槛。相比之下，当地传统公立高中只有 20% 的学生能达到。他说，该校的教学主要集中在培养“有创造力的思考者”，为未来的“自由职业社会”做好准备——丹尼尔·施特劳布描述的要同时做六份工作的世界。

我们谈到华德福理念中的“意志力”。我问，这个词可不可以理解为“自主权”，后者穿插全书——爱德华·斯诺登在柏林老地毯厂的大屏幕上说到过这个词。“人之队”的许多队员为了社群的利益，以坚定的行动营造技术的面貌，他们无不体现了这个词的意义。

“对，用自主权这个词形容我们的理念很恰当，”他确认道，“自主权就是培养达到自己目标的能力。但是也要求有责任感——特别是对他人要和善、尊重。在这里感到困难的孩子就是主动权不足。”

“那主动权从何而来？”

“实践和经验，”他回答，“就像是肌肉一样，练得越多就越强壮。”

面对“人擅长做什么”这个问题，我想奇普·罗默的答案会是人擅长做好事——擅长成长为负责的公民，擅长照顾别人。这也是华德福教育的目标，善待每个孩子，就像每个孩子都是一个登月项目。因此，如果我们要解决未来的种种问题——从大范围失业，到社交媒体文化永远在线的性质造成的人与人之间疏离和孤独——那么支持克里多这样的另类公立学校是个非常好的办法。华德福学校当然不完美——而且我之前也警告过，教育不应该被看作治愈数字痼疾的灵药。但是这么多问题并没有魔法可破，所以，奉行人本主义、以乌托邦方式设置课程的克里多学校虽不完美，又确实是治愈未来完美的起点。

结　语　我们的孩子

“二十世纪的文明已经崩溃。”在《大转型》的开篇，卡尔·波拉尼警告。这是他对农业市场社会向工业市场社会转变的分析。[1]如今，技术大转变的下一章已经翻开——二十一世纪初，在互联网推动下，工业系统正在向网络操作系统过渡。今天，在某些方面，似乎二十世纪的文明也在崩溃。

我们已经看到，互联网已经给方方面面带来了颠覆性的变化——新的智能机器、新生产模式、新文化形式、新教育体系、新的不平等和不公，还有财富和贫穷的新定义——让那些仍然活在二十世纪的人手足无措。这确实是我们这个时代的大转型，这条路很难走，我们都在寻找方向。

我承认，这本书里写到的解决办法，和正在按照这些办法做事的人，都不完美。爱沙尼亚和新加坡的大数据创新会令传统的秉持十九世纪观念的自由派感到紧张，他们相信个人拥有固有的隐私权，这可以理解。甚至负责的监管者，如玛格丽特·维斯塔格，也不时会有监管过度的倾向。我们提出的一些创新方案，比如屏幕在线广告，带来一堆新的问题。由泰勒·斯威夫特等千万富翁领导的罢工，显然不只是有一点点奇怪。为没有工作的世界教育“无用的”人，在某些方面可以说，是西西弗斯式的任务。依靠我们这个镀金时代的超级公民，比如杰夫·贝索斯或马克·扎克伯格来拯救世界，往好了说也是有风险。在智能机器时代白付钱给人们——鲁特格·布雷格曼和合广投资合伙人阿尔伯特·温格尔等理想主义者的设想——并不会自动创造出马克思主义式的田园社会，人们种植、打鱼、狩猎、批评。

与霍尔拜因所绘乌托邦小岛的地图不同，我们的地图是全球地图。在十九世纪中期，经济历史学家埃里克·霍布斯鲍姆提醒我们，英国是唯一一个真正的工业化国家。五十年后，德国和美国已经赶超英国，到今天，世界上几乎每个国家都经历了自己的工业革命。今天的数字革命也差不多。的确，数字革命始于硅谷，源于北加州旧金山和圣何塞之间的狭窄半岛上，这里孕育了惠普、苹果、谷歌、脸谱网、优步和爱彼迎。而且，的确，我们数字历史的头五十年是以硅谷的方式展开的，用卡尔·波拉尼批评工业革命的话来说，是在一个乌托邦式的自我监管的市场上展开的。但是这个自由主义模式无法持续。我们已经说过，各方面真正的数字创新，从新的商业模式，到监管，到伦理，很多都不在硅谷的私营超级大企业发生——而是在新加坡、爱沙尼亚、德国、印度、中国，甚至奥克兰。

我们的地图是多维度的。绘制未来地图的五大工具——监管、竞争性创新、社会责任、劳动者和消费者选择，还有教育——都是建设未来不可或缺的基本要素。但这几方面并不是相互无关的。我们已经说明，没有监管，就没有创新。我和很多有社会责任感的风险投资人聊过，比如约翰·博斯维克、弗丽达·卡普尔·克莱因，还有史蒂夫·凯斯，我们聊出的结论都是，成功的创新者和富有的投资人能够做，也应该做好公民。这种五个方面的组合框架对治愈未来很关键。政府监管和自由市场创新本身并不足以解决问题。它们的价值在于与其他方法组合发挥作用，不论这种组合是否有意为之。

我们的地图中绘制的新地形同时也是旧的地形。每当重大变化扰乱世界，人类都必须掌握主动权去重建未来，当然各种重建方式本质都是一样的。如今的数字革命几乎涉及方方面面，从不同角度看来，都不是新鲜事。甚至摩尔定律和莫尔定律之争，说到底就是人究竟有没有自主权，也是历史上从未停止的讨论。十九世纪资本主义的批评者十分关注这个问题，马克思列宁主义者相信决定论，认为历史的走向不可避免，这让他们和罗莎·卢森堡等社会主义人本主义者相互对立。这也是十六世纪争议最大的神学问题，让伊拉斯谟和托马斯·莫尔等引领文艺复兴的人本主义者和马丁·路德等领导宗教革命的传道者相互对立。

我希望通过本书的阐述，为未来绘制一幅连贯的地图，需要对过去有连贯的了解。在这个时代，人类再一次艰难地试图回答，生而为人的意义这个永恒的问题，这就是为什么了解人本主义的历史十分有价值；这就是为什么十九世纪工业革命的历史能帮我们理解二十一世纪初的数字发展；这就是为什么熟悉现代历史的方方面面——从强盗贵族资本主义到现代汽车和食品行业，在今天如此有用，帮我们决定怎样才能最好地解决数字革命导致的种种令人不安的问题。

但是关于本书画出的地图，还有最后一个问题要问。托马斯·莫尔和他的人本主义朋友们笔下的乌托邦地图，从特定的角度看让人出乎意料——像是个骷髅。那我们也需要重新审视本书里的地图的意思。

那么，你退后一步，重新看看这本为人们而写的书，你能看到地图里有什么——或者说看到谁？

你看到的不是骷髅，而应该是一张年轻人的面孔。我把这本讲重建未来的书“献给我们的孩子”。但这么说有点屈尊俯就的感觉。“给我们的孩子”像是说孩子缺乏自主性，仿佛“未来”是已经完成的东西——我们这些成年人解决好之后再拿给孩子的东西。

但好消息是，我们的孩子们——作为活动家、创业者、消费者——已经开始积极塑造这样的未来。例如我们看到，在奥克兰卡普尔中心举办的黑客马拉松上，正是年轻人在用技术实现社会公益——比如来自芝加哥的MBA学生蒂芙尼·史密斯，她用应用程序帮助刑满释放人员。这样的黑客马拉松正在年轻技术专家和社会企业家中间越来越流行。事实上，旧金山技术非营利组织为美国编程（Code for America）甚至组织了每年一度的CodeAcross黑客马拉松日，专门做社会公益；这一活动同时在数个国家举行，包括巴西、韩国、巴基斯坦和克罗地亚。克里多高中的奇普·罗默说，对良好公民生活至关重要的“肌肉”，正在因为年轻人积极用技术行善而得以锻炼。你应该还记得，罗默说过“肌肉”“练得越多就越强壮”的话。

年轻人是“数字原住民”——网络革命的先锋，这一点被小题大做了。[2]但是，这种过于感性的评论常出自年纪大的人口中并非巧合，他们有一种浪漫化、卢梭式的观点，以为孩子的网络知识是直观的。但真相是，对一切跟数字有关的事物，我们的孩子才是经验丰富的现实主义者，特别是作为消费者。比如，正是这些孩子在倡导“模拟的复仇”：[3]他们重新用起了手写笔记本，读起了纸书，听起了黑胶唱片——这个产值数十亿美元的“新”音乐产业，每年产生的利润超过整个流媒体产业。[4]这不是一场卢德运动。年轻人当然没有把自己的数字设备给砸了，而是作为消费者，他们正在发现一些有意义的事物——比如听高质量的音乐唱片，读或写复杂的观点——用实物比虚拟要有乐趣得多。事实上，他们甚至开始再次为互联网内容付费。路透研究所（Reuters Institue）的报告表明，美国十八到二十四岁的人群中，2016年有4%为在线新闻付费，而2017年上升到了18%。[5]

并且，最终网络时代各种严重的文化问题——数字过度消费、注意力分散，还有最严重的成瘾——也最终会让年轻人找到解决办法。尼古拉斯·卡尔告诉我，历史上从来没有哪次反文化运动不是年轻人发起的。数字文化——特别是强迫性地使用社交媒体——已经成为束缚人的普遍现象，因此未来一代代自由思考的孩子将不可避免地否认这一文化。对二十世纪末资本主义社会令人腻烦的资本主义，六十年代出生的孩子们进行了反叛。无休无止的推特、脸谱网更新，还有Instagram消息已经形成了人人趋同的数字生活方式，所以我猜想，我们即将看到年轻人发起一场反叛运动。

但是，年轻人面对的最重要的挑战不是拒绝数字文化，而是让二十一世纪初新的操作系统能好好运作。我们现在要在新的网络世界开路，这和工业世界有着千差万别。这幅地图我们不熟悉。比如，国家主义者和全球主义者的新分歧已经取代了二十世纪保守派与自由派之间旧的政治争论，这意味着我们熟知的“左”“右”之争的结束。[6]在这场辩论中，年轻人站在进步的一边——投票反对特朗普和英国脱欧的比例极高。在英国，十八到二十四岁的人口中有75%都投票希望留在欧盟。[7]在美国，千禧一代的选民有55%投票给了希拉里。[8]

二十一世纪这场国家主义者和全球主义者之间新的辩论，其中心是数字转型。《金融时报》的约翰·索恩希尔预言，“面对英美自我封闭的本土主义日渐抬头，更多持国际主义思想的技术行业将很可能成为平衡力量”。但是，正如我们在本书里看到的，以技术为中心的新国际主义除了会来自硅谷，也会来自德国、爱沙尼亚、印度和新加坡等。

所有这些变化仍处于萌芽阶段。现在一切像是又回到了 1850 年。这是一个陌生又熟悉的时刻。“没动静，没动静，还是没动静。”伯恩汉姆说，开辟新纪元的变化会这样发生，令整整一代人彻底改造世界。这是人类叙事的新篇章。“然后突然出来个大事件。”

致　谢

正如只有靠各种方法组合才能治愈未来，本书也是许多人共同努力的结果。构思本书的人是格罗夫·大西洋出版社的摩根·恩特里金（Morgan Entrekin）和我的经纪人托比·芒迪（Toby Mundy），他们提出了整体框架、历史主题和书名。格罗夫·大西洋的彼得·布莱克斯托克（Peter Blackstock）一直很耐心，为本书做了非常专业的编辑。眼光锐利的茱莉亚·博纳－托宾（Julia Berner-Tobin）和玛克辛·巴托（Maxine Bartow）为本书审稿。旧金山机械学院图书馆的林·戴维森（Lyn Davidson）一丝不苟地为本书做了研究。本书的观点来自世界各地许多人，他们十分慷慨地与我见面，我所做的就是把他们的智慧穿到一起。正如我在引言中所说，这幅未来地图，是我的作品，也同样是他们的作品。

注　释

题词

1.Thomas More, *Utopia*, eds. George M. Logan and Robert M. Adams (Cambridge University Press, 1975),48.

引言

1. “Digital Transformation of Industries: Demystifying Digital and Securing $100 Trillion for Society and Industry by 2025,” World Economic Forum, January 2016.

2. “System Crash,” *Economist*, November 12, 2017.

3.Kevin Kelly, *The Inevitable: Understanding the 12 Technological Forces That Will Shape Our Future* (Viking, 2016).

第一章

1.For more on Weiner, Bush, and Licklider’s role in the creation of the internet, see Andrew Keen, *The Internet Is Not the Answer* (Grove Atlantic, 2015), 14-18.

2.For an excellent overview of the nineteen-century origins of privacy, see: Jill Lepore, “The Prism: Privacy in an age of publicity,” *New Yorker*, June

24, 2013.

3."The Right to Privacy," by Samuel Warren and Louis Brandeis, *Harvard Law Review,* Vol IV, December 15, 1890, No.5.

4. *Electronics Magazine,* vol. 38, no. 8, April 19, 1965.

5.Gordon Moore didn't himself call it Moore's Law when he wrote his 1965 paper. His friend Carver Mead was the first to call it that, in 1975.

6.Thomas L. Friedman, *Thanks You for Being Late: An Optimist's Guide to Thriving in the Age of Acceleration* (Farrar, Straus and Giroux, 2016), 27.

7.Ibid., 28.

8.Joi Ito and Jeff Howe, *Whiplash: How to Survive Our Faster Future* (Grand Central Publishing, 2016).

9.Friedman, *Thank You for Being Late,* 4.

10.Dov Seidman, "From the Knowledge Economy to the Human Economy," *Harvard Review,* November 12, 2014.

11."2017 Edelman TRUST BAROMETER Reveals Global Implosion of Trust," Edelman.com, January 15, 3017.

12.Akash Kapur, "Utopia Makes a Comeback," *New Yorker*, October 3, 2016.

13.Oscar Wilde, "The Soul of Man under Socialism" (1891), in Wilde, *The Soul of Man under Socialism and Selected Critical Prose,* ed., Linda C. Dowling (London, 2001), 41.

14.More, *Utopia*, XXX.

15.For an excellent introduction of Holbein's work, particularly *The Ambassadors*, to both humanism and the Renaissance, see John Carroll,

Humanism: The Wreck of Western Culture (Fontana, 1993), 27-35.

16.A dentist uncovered this peculiar subtext to More's map in 2005. For more on this unusual discovery, see Ashley Baynton-Williams, *The Curious Map Book* (University of Chicago Press, 2015), 14-15.

17.Friedman, *Thank You for Being Late*, 36-84.

18.Gerd Leonard, *Technology Versus Humanity: The Coming Clash Between Man and Machine* (Fast Future, 2016).

19.Richard Watson, *Digital Versus Human: How We'll Live, Love and Think in the Future* (Scribe, 2016).

20.Yuval Noah Harari, "Yuval Noah Harari on Big Data, Google and the End of Free Will," *Financial Times*, August 26, 2016.

21.Richard Metzger, "Capitalism's Operating System Has Gone Off the Rails: An Interview with Douglas Rushkoff," *Dangerousminds*, March 8, 2016. (http://dangerousminds.net/comments/capitalisms_operating_system_has_gone_off_the_rails_an_interview_with_dougl).

22.Klaus Schwab, "How Can We Embrace the Opportunities of the Fourth Industrial Revolution," WEForum.org, January 15, 2015.

23.Ibid.

24.Stephen Wolfram, *Idea Makers: Personal Perspectives on the Lies & Ideas of Some Notable People* (Wolfram Publishing, 2016), 78.

第二章

1."Knight Foundation, Omidyar Network and LinkedIn Founder Reid Hoffman Create $27 million Fund to Research Artificial Intelligence for the

Public Interest," Knightfoundation.org, January 10, 2017.

2.Amy Harmon, "AOL Official And Lawyer for Microsoft Spar in Court," *New York Times*, April 5, 2002.

3.John Borthwick and Jeff Jarvis, "A Call for Cooperation Against Fake News," *Medium*, November 18, 2016.

4.Eric Hobsbawm, *The Age of Revolution 1789-1848* (Vintage, 1996), 10.

5.Eric Hobsbawm, *The Age of Capital, 1848-1875* (Vintage, 1996), 39.

6.Ibid., 40.

7.Karl Marx and Friedrich Engels, *The Communist Manifesto* (Penguin, 2006), 7.

8.Ibid.

9.Karl Polyani, *The Great Transformation: The Political and Economic Origins of Our Time* (Beacon Press, 2001), 41.

10.Ibid., 106.

11.*Utopia*, pp. 18.

12.Polyani, 35.

13.Ibid., 3.

14.Hobsbawm, *The Age of Revolution*, 202.

15.Ibid., 204.

16.Hobsbawm, *The Age of Capital,* 221.

17.Christine Meisner Rosen, "The Role of Pollution and Litigation in the Development of the U.S. Meatpacking Industry, 1865-1880," Enterprise & Society, June 2007.

18.Ibid., 212.

19.*The Communist Manifesto*, 32-33.

20.Carl Benedikt Frey and Michael A. Osborne, "The Future of Employment: How Susceptible Are Jobs to Computerization," Oxford Martin School, September 2013.

21.Steve Lohr, "Roberts Will Take Jobs, but Not as Fast as Some Fear, New Report Says," *New York Times*, January 12, 2017.

22.Friedrich Engels, *The Condition of the Working-Class in England in 1844* (Swan Sonnenschein, 1892), pp. 70.

第三章

1."How Did Estonia Become a Leader in Technology?" *Economist*, July 30, 2013. See also Romain Gueugneau, "Estonia, How a Former Soviet State Became the Next Silicon Valley,"*Worldcrunch.com,* February 25, 2013.

2."AI Guru Ng: Fearing a rise of killer robots is like worrying about overpopulation on Mars," by Chris Williams, *The Register*, March 19, 2015.

3.*Times*, December 23, 2016.

4." 'Irresistible' By Design: It's No Accident You Can't Stop Looking at the Screen," *All Tech Considered*, NPR, March 13, 2017.

5.See David Streitfield, " 'The Internet is Broken': @ev Is Trying to Salvage It,"*New York Times*, May 20, 2017. Also Anthony Cuthbertson, "Wikipedia Founder Jimmy Wales Believes He Can Fix Fake News with Wikitribune Product," *Newsweek*, April 25, 2017.

6.Astra Taylor, *The People's Platform: Taking Back Power and Culture in the Digital Age* (Metropolitan Books, 2014).

7.Jaron Lanier, *Who Owns the Future?* (Simon and Schuster, 2013), 336.

8.Keen, *The Internet Is Not the Answer*, 27-28.

9.Ibid., 182.

10.Geoff Descreumaux, "One Minute on the Internet In 2016," *wersm.com*, April 22, 2016.

11.The idea that "data is in the new oil" has been expressed by numerous pundits including Meglena Kuneva, the European consumer commissioner; the Silicon Valley venture capitalist Ann Winblad; and the IBM CEO Virginia Rometty.

12.John Gapper,"LinkedIn Swaps Business Cards with Microsoft," *Financial Times*, June 15, 2016.

13.Quentin Hardy, "The Web's Creator Looks to Reinvent It," *New York Times*, June 7, 2016.

14."Tech 'superstars' risk a populist backlash," by Rana Foroohar, *Financial Times*, April 23, 2017.

15.Keen, *The Internet Is Not the Answer*.

16.Ibid., 43.

17.Ibid.

18."Google set to introduce adverts on map service", by Hannah Kuchler, The Financial Times, May 24, 2016.

19.According to Gartner, 86.2% of global smartphone purchases in the second quarter of 2016 were for phones operating on the Android platform. See: "Android's smartphone marketshare hit 86.2% in Q2", by Natasha Lomas, Techcrunch, August 18, 2016.

20.Ibid, pp 431-432.

21.Jonathan Taplin, *Move Fast and Break Things: How Facebook, Google and Amazon Cornered Culture and Undermined Democracy* (Little Brown, 2017), 4.

22.John Gapper, "YouTube Is Big Enough to Take Responsibility for Piracy," *Financial Times*, May 19, 2016.

23.Emily Bell, "Facebook Is Eating the World," *Columbia Journalism Review,* March 7, 2016.

24.Ibid.

25."Facebook, Free Expression and the Power of a Leak", by Margot E. Kaminski and Kate Klonick, *New York Times*, June 27, 2017.

26.John Herrman, "Media Websites Battle Faltering Ad Revenue and Traffic," *New York Times,* April 17, 2016.

27.Eli Pariser, *The Filter Bubble: What the Internet Is Hiding from You* (Penguin, 2011).

28."2017 Edelman TRUST BAROMETER," Edelman.com, January 15, 2017.

29.Allister Heath, "Fake News Is Killing People's Minds, Says Apple Boss Tim Cook," *Telegraph*, February 10, 2017.

30.Nir Eyal, *Hooked: How to Build Habit-Forming Products* (Portfolio, 2014).

31."I Used to Be a Human Being," by Andrew Sullivan, *New York Magazine*, September 18, 2016.

32.Adam Alter, *Irresistible: The Rise of Addictive Technology and the*

Business of Keeping Us Hooked (Penguin, 2017), pp. 4.

33."Our digital addiction is making us miserable," by Izabella Kaminska, *Financial Times*, July 5, 2017.

34."The Binge Breaker," by Bianca Bosker, *Atlantic*, October 8, 2016.

35.Saleha Mohsin, "Silicon Valley Cozies Up to Washington, Outspending Wall Street 2-1," *Bloomberg*, October 23, 2016.

36.This is calculated on August 6, 2016, capitalization numbers, which value Apple at $579 billion, Alphabet at $543 billion, Microsoft at $454 billion, Amazon at $366 billion, and Facebook at $364 billion. Collectively they were worth $2306 trillion. In 2015, the Indian economy, the eighth largest in the world, had a nominal GDP of $2.09 trillion.

37.David Curran, "These 9 Bay Area Billionaires Have the Same Net Worth as 1.8 Billion People," *SFGate*, February 1, 2017.

38.Alastair Gee, "More Than One-Third of Schoolchildren Are Homeless in Shadow of Silicon Valley," *Guardian*, December 28, 2016.

39.Jeffrey D. Sachs, "Smart Machines and the Future of Jobs," *Boston Globe*, October 10, 2016.

40."California's would-be governor prepares for battle against job killing robots," by Paul Lewis, *Guardian*, June 5, 2017.

41."Digital Technologies: Huge Development Potential Remains Out of Sight for the Four Billion Who Lack Internet Access," Worldbank.org, January 13, 2016.

42.Ibid.

43.Somini Sengupta, "Internet May Be Widening Inequality, Report Says,"

New York Times, January 14, 2016.

第四章

1.Robert D. Kaplan, *The Revenge of Geography* (Random House, 2012).

2.It was a remark made in 1970 by the American geographer Waldo Tobler. See Jerry Brotton, *The History of the World in 12 Maps* (Viking Penguin, 2012), 428.

3.Mark Scott, "Estonians Embrace Life in a Digital World," *New York Times*, October 8, 2014.

4.Tim Mansel, "How Estonia Became E-stonia," *BBC News*, May 16, 2014.

5.Sten Tamkivi, "Lessons from the World's Most Tech-Savvy Government," *Atlantic*, January 24, 2014.

6.Alec Ross, *The Industries of the Future* (Simon & Schuster, 2016), 5.

7.Ibid., 208.

8.https://e-estonia.com/facts.

9.Press Release.

10."Estonians Trust in Parliament, Government Much Higher Than EU Average," *Baltic Times*, December 29, 2014.

11."Linnar Viik—Estonia's Mr Internet," *EUbusiness.com*, April 20, 2004.

12.Don Tapscott and Alex Tapscott, *Blockchain Revolution: How the Technology Behind Bitcoin Is Changing Money, Business, and the World* (Portfolio, 2016),6.

13.Ibid.

14.*Utopia*, 46.

15.Ibid., 79.

16.Jeremy Rifkin, *The End of Work: The Decline of the Global Labor Force and the Down of the Post-Market Era* (Tarcher, 1996).

17.Andreas Weigend, *Data for the People: How to Make Our Post-Privacy Economy Work for You* (Basic, 2017).

18.Patrick Howell O'Neill, "The Cyberattack That Changed the World," *Daily Dot*, February 24, 2017.

19.Peter Pomerantsev, "The Hidden Author of Putinism," *Atlantic*, November 7, 2014.

20.Peter Pomerantsev, "Russia and the Menace of Unreality," *Atlantic*, September 9, 2014.

21.Shaun Walker, "Salutin' Putin: Inside a Russian Troll House," *Guardian*, April 2, 2015.

22.Andrew E. Kramer, "How Russia Recruited Elite Hackers for Its Cyberwar," *New York Times*, December 29, 2016.

23.Sam Jones, "Russia's Cyber Warriors," *Financial Times*, February 24, 2017.

24.Mark Scott and Melissa Eddy, "Europe Combats a New Foe of Political Stability: Fake News," *New York Times*, February 20, 2017.

25.For a compelling narrative of the Aadhaar project, see Nandan Nilekani and Viral Shah, *Rebooting India: Realizing a Billion Aspirations* (Penguin, 2015).

第五章

1.James Manyika, Susan Lund, Jacques Bughin, Jonathan Woetzel, Kalin Stamenov, and Dhruv Dhingra, "Digital Globalization: The New Era of Global Flows," Mckinsey.com, February 2016.

2.Rodolphe De Koninck, Julie Drolet, and Marc Girard, *Singapore: An Atlas of Perpetual Territorial Transformation* (National University of Singapore Press, 2008),14.

3.Jake Maxwell Watts and Newley Purnell, "Singapore Is Taking the 'Smart City' to a Whole New Level," *Wall Street Journal*, April 24, 2016.

4.*Utopia*, 59.

5.Ibid.

6."The Government of Singapore Says It Welcomes Criticism, but Its Critics Still Suffer," *Economist*, March 9, 2017.

7.Ibid.

8.Amnesty International, "Singapore: Government Critics, Bloggers and Human Rights Defenders Penalized for Speaking Out," *Online Citizen*, June 19, 2016.

9.Ishaan Tharoor, "What Lee Kuan Yew Got Wrong About Asia," *Washington Post*, March 23, 2015.

10.*Utopia*, 42.

11.Daniel Tencer, "Richest Countries in the World 2050: Singapore Wins, U.S. and Canada Hang in There," *Huffington Post*, November 6, 2012.

12.Sean Gallagher, "Prime Minister of Singapore Shares His C++ Code for Sudoku Solver," *ArsTechnica UK*, May 4, 2015.

13.“Trust Between Citizens, Government Key for Smart Nation: PM Lee Hsien Loong,” *Straits Times*, July 12, 2016.

14.Watts and Purnell, “Singapore Is Taking the ‘Smart City’ to a Whole New Level.”

15.“China’s Tech Trailblazers,” *Economist*, August 6, 2016.

16.“WeChat’s World,” *Economist*, August 6, 2016.

第六章

1.Philip Stephens, “How to Save Capitalism from Capitalists,” *Financial Times*, September 14, 2016.

2.Michael Tavel Clarke, *These Days of Large Things: The Culture of Size in America, 1865-1930* (University of Michigan Press, 2007).

3.This choice between democracy or oligarchy in today’s age ofdigital inequality is once again a familiar theme, particularly with critics of free market capitalism. See, for example: “Amazon Eats Up Whole Foods as the New Masters of the Universe Plunder America,” by Joel Kotkin, *Daily Beast*, June 19, 2017.

4.Ibid.

5.Farhad Manjoo, “Tech Giants Seem Invincible. That Worries Lawmakers,” *New York Times*, January 4, 2017.

6.Philip Stephens, “Europe Rewrites the Rules for Silicon Valley,” *Financial Times*, November 2, 2016.

7.Scott Malcomson, *Splinternet: How Geopolitics and Commerce Are Fragmenting the World Wide Web* (OR Books, 2016).

8.Farhad Manjoo, "Why the World Is Drawing Battle Lines Against American Tech Giants," *New York Times,* June 1, 2016.

9.Aoife White, "EU's Vestager Considers Third Antitrust Case Against Google," *Bloomberg*, May 13, 2016.

10.Murad Ahmed, "Obama Attacks Europe Over Technology Protectionism," *Financial Times*, February 16, 2015.

11.Murad Ahmed, "Here's Exactly How Dominant Google Is in Europe in Search, Smartphones, and Browsers," *Business Insider*, April 20, 2016.

12.Mark Scott, "Phone Makers Key in Google Case," *New York Times*, April 20, 2016.

13.Samuel Gibbs, "Google Dismisses European Commission Shopping Charges as 'Wrong,' " *Guardian*, November 3, 2016.

14."Google fined record 2.4billion euros by EU over search engine results," by Daniel Boffery, *Guardian*, June 27, 2017.

15."Challenges to Silicon Valley won't just come from Europe," by John Naughton, *Guardian*, July 2, 2017.

16.Scott, "Phone Makers Key in Google Case."

17.Conor Dougherty, "Courtroom Warrior Opens European Front in His Battle with Tech Giants," *New York Times*, September 29, 2015.

18.Peter B. Doran, *Breaking Rockerfeller: The Incredible Story of the Ambitious Rivals Who Topped an Oil Empire* (Viking, 2016).

19.Gary L. Reback, *Free the Market! Why Only Government Can Keep the Marketplace Competitive* (Portfolio, 2009).

20.opensecrets.org.

21.Sally Hubbard, “Amazon and Google May Face Antitrust Scrutiny Under Trump,”*Forbes*, February 8, 2017.

22.“The world’s most valuable resource,” *Economist*, May 6, 2017.

23.“Amazon’s empire,” *Economist*, March 25, 2017.

24.Catherine Boyle, “Clinton and Sanders: Why the Big Deal About Denmark?” *CNBC.com*, October 14, 2015.

25.Rochelle Toplensky, “A Career That Inspired ‘Borgen,’ ” *Financial Times*, December 8, 2016.

26.Ibid.

27.Lee Kuan Yew, “The Grand Master’s Insights on China, the United States and the World” (Belfer Center Studies in International Security, 2013), 20.

28.Steve Case, *The Third Wave: An Entrepreneur’s Vision of the Future* (Simon & Schuster, 2016), 146.

29.Julia Powles and Carissa Veliz, “How Europe Is Fighting to Change Tech Companies’ ‘Wrecking Ball’ Ethics,” *Guardian*, January 30, 2016.

30.Adam Thomson, Richard Waters, and Vanessa Houlder, “Raid on Google’s Paris Office Raises Stakes in Tax Battle with US Tech,” *Financial Times*, May 24, 2016.

31.Madhumita Murgia and Duncan Robinson, “Google Faces EU Curbs on How It Tracks Users to Drive Adverts,” *Financial Times*, December 13, 2016.

32.Duncan Robinson and David Bond, “Tech Groups Warned on ‘Fake News,” *Financial Times*, January 31, 2017.

33.Ibid.

34."Terror and the internet," *Economist*, June 10, 2017.

35.Rachel Stern, "Germany's Plan to Fight Fake News," *Christian Science Monitor,* January 9, 2017.

36.Nick Hopkins, "How Facebook Flouts Holocaust Denial Laws Except When It Fears Being Sued," *Guardian*, May 24, 2017.

37."Delete Hate Speech or Pay Up, Germany Tells Social Media Companies," by Melissa Eddy and Mark Scott, *New York Times*, June 30, 2017.

38.Ben Riley-Smith, "Parliament to Grill Facebook Chiefs Over 'Fake News,' " *Telegraph,* January 14, 2017.

39."Czech Republic to fight 'fake news' with specialist unit," by Robert Tait, *Guardian*, December 28, 2016.

40."Facing down fake news," by Madhumita Murgia and Hannah Kuchler, *Financial Times*, May 2, 2017.

41.Seth Fiegerman, "Facebook Adding 3000 Reviewers to Combat Violent Videos," *CNN*, May 3, 2017.

42.Kelly Couturier, "How Europe Is Going After Google, Amazon and Other U.S. Tech Giants," *New York Times*, April 20, 2016.

43.Sam Schechner and Stu Woo, "EU to Get Tough on Chat Apps in Win for Telecoms,"*Wall Street Journal*, September 11, 2011.

44.Mark Scott, "Facebook Ordered to Stop Collecting Data on WhatsApp Users in Germany," *New York Times*, September 27, 2016.

45."How much data did Facebook have on one man? 1200 pages of data in 57 categories," by Olivia Solon, *Wired,* December 28, 2012.

46.Murad Ahmed, Richard Waters and Duncan Robinson,"Harbouring Doubts," *Financial Times*, October 11, 2015.

47."A Way to Own Your Social-Media Data," by Luigi Zingales and Guy Rolnik, *New York Times*, June 30, 2017.

48.Duncan Robinson, "Web Giants Sign Up to EU Hate Speech Rules," *Financial Times*, May 31, 2016.

49.Glyn Moody, " 'Google Tax' on Snippets Under Serious Consideration by European Commission," *Ars Technica UK*, March 24, 2016.

50.Ahmed, Waters, and Robinson, "Harbouring doubts."

第七章

1.Quentin Hardy, "The Web's Creator Looks to Reinvent it," *New York Times,* June 7, 2016.

2."New technology may soon resurrect the sharing economy in a very radical form," by Ben Tarnoff, Th*e Guardian*, October 17, 2016.

3."Does Deutschland Do Digital?" *Economist*, November 21, 2015.

4.Guy Chazan, "Germany's Digital Angst," *Financial Times*, January 26, 2017.

5.Matthew Karnitschnig, "Why Europe's Largest Economy Resists New Industrial Revolution," *Politico*, September 14, 2016.

6."Google to build adblocker into Chrome browser to tackle intrusive ads," by Jonathan Haynes and Alex Hern, The *Guardian*, June 2, 2017.

7.Ian Leslie, "Advertisers Trapped in an Age of Online Obfuscation," *Financial Times*, February 28, 2017.

8."Fake News and the Digital Duopoly," by Robert Thomson, *Wall Street Journal*, April 5, 2017.

9.Will Heilpern, "A 'Zombie Army' of Bots Is Going to Steal $7.2 Billion from the Advertising Industry This Year," B*usiness Insider*, January 20, 2016.

10.John Gapper, "Regulators Are Failing to Block Fraudulent Ads," *Financial Times*, February 3, 2016.

11.Steven Perlberg, "New York Times Readies Ad-Free Digital Subscription Model," *Wall Street Journal*, June 20, 2016.

12."Behind the Times surge to 2.5 million subscribers," by Ken Doctor, *Politico,* December 5, 2016.

13.Gordon E. Moore, "Cramming More Components onto Integrated Circuits," *Electronics*, April 19, 1965.

14.Ralph Nader, *Unsafe at Any Speed: The Designed-In Dangers of American Automobiles* (Simon & Schuster, 1965), vi.

15."50 Years Ago, 'Unsafe At Any Speed' Shook the Auto World," by Christopher Jensen, *New York Times*, November 26, 2015.

16.Ibid.

17.Lee Rainie, "The State of Privacy in Post-Snowden America," Pew Research Center, September 21, 2016.

第八章

1.Huw Price, *Time's Arrow and Archimedes' Point* (Oxford University Press, 1996), 6.

2.For a lucid introduction to Huw Price's ideas about block universe theory of time, hear his interview on the podcast show *Philosophy Bites*: "Huw Price on Backward Causation," *PhilosophyBites.com*, July 15, 2012.

3.Ibid., 4.

4.Roger Parloff, "AI Partnership Launched by Amazon, Facebook, Google, IBM, and Microsoft," *Fortune*, September 28, 2016.

5."Sam Altman's Manifest Destiny", by Tad Friend, *New Yorker*, October 10, 2016.

6."Echoes of Wall Street in Silicon Valley's grip on money and power," by Rana Foroohar, *Financial Times*, July 3, 2017.

7."Sam Altman's Manifest Destiny", by Tad Friend, *New Yorker*, October 10, 2016.

8."An American in a Strange Land", by Jim Yardley, *New York Times Magazine*, November 6, 2016.

9.Ibid., 48-51.

10."At Last, Jeff Bezos Offers a Hint of His Philanthropic Plans," by Robert Frank, *New York Times*, June 15, 2017.

11."Zuckerberg and the politics of soft power," by John Thornhill, *Financial Times,* April 3, 2017.

12.Anjana Ahuja, "Silicon Valley's Largesse Has Unintended Consequences," *Financial Times*, April 26, 2017.

13.David Callahan, The Givers: Wealth, Power and Philanthropy in a New Gilded Age (Knopf, 2017), 112-135.

14.Edward Luce, "What Zuckerberg Could Learn from Buffet," *Financial*

Times, December 5/6, 2015.

15.Deepa Seetharaman, "Zuckerberg Lays Out Broad Vision for Facebook in 6 000-Word Mission Statement," *Wall Street Journal*, February 16, 2017.

16.Steven Waldman, "What Facebook Owes to Journalism," *New York Times*, February 21, 2017.

17.Olivia Solon, "Priscilla Chan and Mark Zuckerberg Aim to 'Cure, Prevent and Manage' All Disease," *Guardian*, September 22, 2016.

18.Christian Davenport, "An Exclusive Look at Jeff Bezos' Plan to Set Up Amazon-like Delivery for 'Future Human Settlement' of the Moon," *Washington Post*, March 2, 2017.

19.Mark Harris, "Revealed: Sergey Brin's Secret Plans to Build the World's Biggest Aircraft," *Guardian*, May 26, 2017.

20."Mark Pincus and Reid Hoffman are launching a new group to rethink the Democratic Party," by Tony Romm, *Recode*, July 3, 2017.

21.Benjamin Mullin,"Craig Newmark Foundation Gives Poynter $1 Million to Fund Chair in Journalism Ethics," Poynter, December 12, 2016.

22.Ken Yeung, "Facebook, Mozilla, Craig Newmark, Others Launch $14 Million Fund to Support News Integrity," *Venture Beat*, April 2, 2017.

23.Lisa Veale, "Kapor Center Establishes Oakland as the Epicenter of Tech for Social Justice," *Oaklandlocal.com*, November 6, 2014.

24.Mitch and Freada Kapor, "An Open Letter to the Uber Board and Investors," *Medium*, February 23, 2017.

25."After McClure revelations, 500 Startups LP Mitch Kapor says he'll ask for his money back," by Sarah Lacey, *Pando*, June 30, 2017.

26."Uber investors who called it 'toxic' are satisfied by plans for change," by Josh Constine, *Techcrunch*, June 15, 2017.

第九章

1.Michael S. Malone, "Silicon and the Silver Screen," *Wall Street Journal*, April 16, 2017.

2.Jordan Crucchiola, "Taylor Swift Is the Queen of the Internet," *Wired*, June 22, 2015.

3.Matthew Garrahan, "Pop Stars Complain to Brussels Over YouTube," *Guardian*, June 29, 2016.

4.Christopher Zara, "The Most Important Law in Tech Has a Problem," *Backchannel*, January 3, 2017.

5.John Naughton, "How Two Congressmen Created the Internet's Biggest Names," *Guardian*, January 17, 2017.

6.Rob Levine, "Taylor Swift, Paul McCartney Among 180 Artists Signing Petition For Digital Copyright Reform," *Billboard*, June 20, 2016.

7.Debbie Harry, "Music Matters. YouTube Should Pay Musicians Fairly," *Guardian*, April 26, 2016.

8.Rob Davies, "Google Braces for Questions as More Big-Name Firms Pull Adverts," *Guardian*, March 19, 2017.

9.Jessica Gwynn, "AT&T, Other U.S. Advertisers Quit Google, YouTube Over Extremist Videos," *USA Today*, March 22, 2017.

10.Joe Mayes and Jeremy Kahn, "Google to Revamp Ad Policies After U.K., Big Brands Boycott," *Bloomberg*, March 17, 2017.

11.Madhumita Murgia, "Google Unveils Advertising Safeguards as Backlash Over Extremist Videos Rises," *Financial Times*, March 22, 2017.

12.Jack Marshall and Jack Nicas, "Google to Allow 'Brand Safety' Monitoring by Outside Firms," *Wall Street Journal*, April 3, 2017.

13."YouTube announces plan 'to fight online terror,' including making incendiary videos difficult to find," by Travis M. Andrews, *Washington Post*, June 19, 2017.

14.Matthew Garrahan, "Advertisers Skeptical on Google Ad Policy Changes," *Financial Times*, March 22, 2017.

15.Maya Kosoff, "Zuckerberg Hits Back; Don't Blame Facebook for Donald Trump,"*Vanity Fair*, November 11, 2016.

16.Elle Hunt, " 'Disputed by Multiple Fact-Checkers': Facebook Rolls Out New Alert to Combat Fake News," *Guardian*, March 21, 2017.

17.Samule Gibbs, "Google to Display Fact-Checking Labels to Show If News Is True or False," *Guardian*, April 17, 2017.

18.Stefan Nicola, "Facebook Buys Full-Page Ads in Germany in Battle with Fake News," *Bloomberg*, April 17, 2017.

19.Ben Sisario, "Defining and Demanding a Musician's Fair Shake in the Internet Age," *New York Times*, September 30, 2013.

20.Nate Rau, "U.S. Music Streaming Sales Reach Historic High," *USA Today*, March 30, 2017.

21.Ben Sisario and Karl Russell, "In Shift to Streaming, Music Business Has Lost Billions," *New York Times*, March 24, 2016.

22.David Lowery, "My Song Got Played on Pandora 1 Million Times and

All I Got Was $16.89, Less Than What I Make from a Single T-Shirt Sale!" *Trichordist*, June 24, 2013.

23.Robert Levine, "David Lowery, Cracker Frontman and Artist Advocate, Explains His $150 Million Lawsuit Against Spotify: Q&A," *Billboard*, April 7, 2016.

24.Mark Yarm, "One Cranky Rocker Takes on the Entire Streaming Music Business," *Bloomberg*, August 10, 2016.

25.Levine, "David Lowery, Cracker Frontman and Artist Advocate."

26.Farhad Manjoo, "How the Internet is Saving Culture, Not Killing It," *New York Times*, March 15, 2017.

27.Ibid.

28.Diana Kapp, "Uber's Worst Nightmare," *San Francisco Magazine*, May 18, 2015.

29."The Gig Economy's False Promise," *New York Times*, April 17, 2017.

30."UK workers earning £2.50 an hour prompts calls for government action," by Rob Davies and Sarah Butler, *Guardian*, July 6, 2017.

31.Ibid.

32.Jia Tolentino, "The Gig Economy Celebrates Working Yourself To Death," *Guardian*, March 22, 2017.

33.Chantel McGee, "Only 4 Percent of Uber Drivers Remain on the Platform a Year Later, Says Report," CNBC, April 20, 2017.

34.*Utopia,* 82.

35.Hannah Levintova, "Meet 'Sledgehammer Shannon,' the Lawyer Who Is Uber's Worst Nightmare," *Mother Jones*, December 30, 2015.

36.Diana Kapp, "Uber's Worst Nightmare."

37.Barney Jopeson and Leslie Hook, "Warren Lashes Out Against Uber and Lyft," *Financial Times*, May 19, 2016.

38.Ellen Huet, "What Really Killed Homejoy? It couldn't Hold On to Its Customers," *Forbes*, July 23, 2015.

39.Carmel Deamicis, "Homejoy Shuts Down After Battling Worker Classification Lawsuits," *Recode*, July 17, 2015.

40.Anna Louie Sussman and Josh Zumbrun, "Gig Economy Spreads Broadly," *Wall Street Journal*, March 26-27, 2016.

41.Nick Wingfield, "Start-up Shies Away from the Gig Economy," *New York Times*, July 12, 2016.

42.Seth D. Harris and Alan B. Krueger, "A Proposal for Modernizing Labor Laws for Twenty-First-Century Work: The 'Independent Worker,' " Hamilton Project, December 2015.

43.Tim Harford, "An Economist's Dreams of a Fairer Gig Economy," *Financial Times*, December 20, 2015.

44.Nick Wingfield and Mike Isaac, "Seattle Will Allow Uber and Lyft Drivers to Form Unions," *New York Times*, December 14, 2015.

45.Chris Johnston, "Uber Drivers Win Key Employment Case," *BBC News*, October 28, 2016.

46.Jessica Floum, "Uber Settles Lawsuit with SF, LA Over Driver Background Checks,"*San Francisco Chronicle*, April 7, 2016.

47.Rich Jervis, "Austin Voters Reject Uber, Lyft Plan for Self-Regulation," *USA Today*, May 8, 2016.

48.Sam Levin, "Elizabeth Warren Takes on Airbnb, Urging Scrutiny of Large-Scale Renters," *Guardian*, July 13, 2016.

49.Matt Payton, "Berlin Bans Airbnb from Renting Apartments to Tourists in Move to Protect Affordable Housing," *Independent*, May 1, 2016. Also Natasha Lomas, "Airbnb Faces Fresh Crackdown in Barcelona as City Council Asks Residents to Report Illegal Rentals," *Techcrunch*, September 19, 2016.

50.Caroline Davies, "Iceland Plans Airbnb Restrictions Amid Tourism Explosion," *Guardian*, May 30, 2016.

51.Rob Davies, "UberEasts Drivers Vow to Take Pay Protest to London Restaurants," *Guardian*, August 26, 2016.

52.Seth Fiegerman, "Uber Drivers to Join Protest for $15 Minimum Wage," *CNN Money*, November 28, 2016.

53.Noam Scheiber and Mike Isaac, "Uber Recognizes New York Drivers' Group, Short of a Union," *New York Times*, May 10, 2016.

54.Emma G. Fitzsimmons, "New York Moves to Require Uber to Provide Tipping Option on Its App," *CNBC*, April 17, 2017.

55."One Way to Fix Uber: Think Twice Before Using It," by Farhad Manjoo, *New York Times*, June 14, 2017.

56.Mike Isaac,"Uber CEO to Leave Trump Advisory Council After Criticism," *New York Times*, February 2, 2017.

57.Josh Lowensohn, "Uber Gutted Carnegie Mellon's Top Robotics Lab to Build Self-Driving Cars," *Verge*, May 19, 2015.

58.Johana Bhuiyan, "Inside Uber's Self-Driving Car Mess," *Recode*, March

24, 2017.

59.*Utopia*, 18.

第十章

1.*Utopia*, 51.

2.Ibid., 50.

3.Ibid., 53.

4.John Thornhill and Ralph Atkins,"Money for Nothing," *Financial Times*, May 27, 2016.

5."Sighing for Paradise to Come," *Economist*, June 4, 2016.

6."The meaning of life in a world without work," by Yuval Noah Harari, *Guardian*, May 8, 2017.

7.Andy Stern, *Raising the Floor: How a Universal Basic Income Can Renew Our Economy and Rebuild the American Dream* (Public Affairs, 2016).

8.John Thornhill, "A Universal Basic Income Is an Old Idea with Modern Appeal," *Financial Times*, March 14, 2016.

9.*Utopia*, 51.

10.Rutger Bregman, *Utopia for Realists: How We Can Build the Ideal World* (Little Brown, 2017).

11.Martin Ford, *Rise of the Robots: Technology and the Threat of a Jobless Future (*Basic Books, 2016).

12.Albert Wenger, *World After Capital* (worldaftercapital.org 2016).

13.Erik Brynjolfsson and Andrew McAfee, *The Second Machine Age: Work,*

Progress and Prosperity in a Time of Brilliant Technologies (Norton, 2014), 213.

14.Lee Rainie, "The Future of Jobs and Jobs Training," Pew Research Center, May 3, 2017.

15.Danielle Pacquette, "Bosses Believe Your Work Skills Will Soon Be Useless," *Washington Post*, May 3, 2017.

16.Ibid.

17.Rainie, "The Future of Jobs and Jobs Training."

18.Matthew Crawford, *Shop Class as Soulcraft: An Inquiry into the Value of Work* (Penguin, 2010).

19.Esther Wojcicki and Lance Izumi, *Moonshots in Education: Launching Blended Learning in the Classroom* (Pacific Research Institute, 2014).

20.Gillian Tett, *The Silo Effect: The Peril of Expertise and the Promise of Breaking Down Barriers* (Simon & Schuster, 2015).

21.Danielle Muoio, "Google and Alphabet's 20 Most Ambitious Moonshot Projects," *Business Insider*, February 13, 2016.

22.Sean Coughlan, "Pisa Tests: Singapore Top in Global Education Rankings," *BBC News*, December 6, 2016.

23.Abby Jackson and Andy Kiercz, "The Latest Ranking of Top Countries in Math, Reading, and Science Is Out—and the US Didn't Crack the Top 10," *Business Insider*, December 6, 2016.

24."How Silicon Valley Pushed Coding Into American Classrooms," by Natasha Singer, *New York Times,* June 27, 2017.

25."The Silicon Valley Billionaires Remaking America's Schools," by

Natasha Singer, *New York Times*, June 6, 2017.

26.Ibid.

27.*Irresistible*, 2.

28.Matt Richtel, "A Silicon Valley School That Doesn't Compute," *New York Times*, October 22, 2011.

结语

1.*The Great Transformation*, pp. 3.

2.See, for example: Don Tapscott, *Growing Up Digital: The Rise of the Net Generation* (McGraw-Hill, 1999).

3.David Sax, *The Revenge of Analog: Real Things and Why They Matter* (Public Affairs, 2017).

4.Jordan Passman, "Vinyl Sales Aren't Dead: The 'New' Billion Dollar Music Business," by Jordan Passman, *Forbes*, January 12, 2017.

5."News apps are making a comeback. More young Americans are paying for news. 2017 is weird," by Laura Hazard Owen, NiemanLab, June 21, 2017.

6."The End of the Left and the Right as We Know Them," by Thomas B. Edsall, *New York Times*, June 22, 2017.

7."Meet the 75%: the young people who voted to remain in the EU," by Elena Cresci, *Guardian*, June 24, 2016.

8."How Millenials voted this election," by William A. Galston and Glara Hendrickson, *Br*ookings.edu, November 21, 2016.

著作权合同登记号：01-2019-0123

图书在版编目（CIP）数据

治愈未来：数字困境的全球解决方案 /（美）安德鲁 · 基恩著；林玮，李国娇译．—北京：新星出版社，2019.3

ISBN 978-7-5133-3419-8

Ⅰ．①治… Ⅱ．①安… ②林… ③李… Ⅲ．①互联网络－发展－研究－世界 Ⅳ．① TP393.4

中国版本图书馆 CIP 数据核字 (2018) 第 302376 号

新未来

治愈未来：数字困境的全球解决方案

(美) 安德鲁 · 基恩 著；林 玮 李国娇 译

出版统筹： 姜 淮
责任编辑： 杨 猛
责任校对： 刘 义
责任印制： 李珊珊
封面设计： 斑 马

出版发行： 新星出版社
出 版 人： 马汝军
社 址： 北京市西城区车公庄大街丙3号楼 100044
网 址： www.newstarpress.com
电 话： 010-88310888
传 真： 010-65270449
法律顾问： 北京市岳成律师事务所

读者服务： 010-88310811 service@newstarpress.com
邮购地址： 北京市西城区车公庄大街丙 3 号楼 100044

印 刷： 天津行知印刷有限公司
开 本： 660mm × 970mm 1/16
印 张： 17.25
字 数： 199千字
版 次： 2019年3月第一版 2019年3月第一次印刷
书 号： ISBN 978-7-5133-3419-8
定 价： 58.00元
